Web ライティングの ネタ出しノート

日々の更新に使えるネタの考え方と書き方

敷田憲司 [著]

本書内容に関するお問い合わせについて

このたびは翔泳社の書籍をお買い上げいただき、誠にありがとうございます。弊社では、読者の皆様からのお問い合わせに適切に対応させていただくため、以下のガイドラインへのご協力をお願い致しております。下記項目をお読みいただき、手順に従ってお問い合わせください。

●ご質問される前に

弊社Webサイトの「正誤表」をご参照ください。これまでに判明した正誤や追加情報を掲載しています。

　　正誤表　　http://www.shoeisha.co.jp/book/errata/

●ご質問方法

弊社Webサイトの「刊行物Q&A」をご利用ください。

　　刊行物Q&A　　http://www.shoeisha.co.jp/book/qa/

インターネットをご利用でない場合は、FAXまたは郵便にて、下記"翔泳社 愛読者サービスセンター"までお問い合わせください。
電話でのご質問は、お受けしておりません。

●回答について

回答は、ご質問いただいた手段によってご返事申し上げます。ご質問の内容によっては、回答に数日ないしはそれ以上の期間を要する場合があります。

●ご質問に際してのご注意

本書の対象を越えるもの、記述箇所を特定されないもの、また読者固有の環境に起因するご質問等にはお答えできませんので、予めご了承ください。

●郵便物送付先およびFAX番号

　　送付先住所　　〒160-0006　東京都新宿区舟町5
　　FAX番号　　　03-5362-3818
　　宛先　　　　　（株）翔泳社 愛読者サービスセンター

※本書に記載されたURL等は予告なく変更される場合があります。
※本書の出版にあたっては正確な記述につとめましたが、著者や出版社などのいずれも、本書の内容に対してなんらかの保証をするものではなく、内容やサンプルに基づくいかなる運用結果に関してもいっさいの責任を負いません。
※本書に掲載されているサンプルプログラムやスクリプト、および実行結果を記した画面イメージなどは、特定の設定に基づいた環境にて再現される一例です。

※本書に記載されている会社名、製品名はそれぞれ各社の商標および登録商標です。

はじめに

　書きたいことがうまく書けない。面白いネタが浮かんでいるのに言語化できない。いや、そもそもネタすら浮かばない。そんなもどかしい気持ちになることはありませんか？

　本書を手にしたということは、そういった悩みを抱えている人はもちろん、仕事としてライティングを行わなければならないのに、文章に書き起こすことがなかなかできないという状況にある、ネタ出しに困っている人だと思います。

　私も以前はそんな悩みを抱える一人でした。昔から本を読むのは好きだったくせに、自分が話す際や文章を書くときには言葉にできないことがあり、悩んでいました（読書感想文は大の苦手でした）。

　もともと数学が得意だったこともありますが、やはり文系科目が苦手だったため、迷わず大学も理系を選択しました。就職してもプログラムを組むというもっぱらコンピュータを相手にした仕事ではありましたが、仕事を進めるにあたり人とコミュニケーションを取る際や、議事録や報告メールを打つのにも苦労していました。それから転職をしてWebサイトの運営に携わるようになるのですが、しばらくはライティングに苦労をさせられ続けていました。

　そんな私が、今では外部のWebメディアに多数の寄稿を行い、こうして本を書くまでになりました。そのように変わったきっかけは、何よりもWebサイトの運営とコンテンツの作成が好きなことにほかなりません。Webサイトは検索流入なしでの集客は考えられませんし、コンテンツの対象はコンピュータではなく人ですから、それを成り立たせるにはやはり言葉、ライティングのチカラをつけることでコンテンツを読ませるものにすることが必須なのです。

　本書は、Webライティングを行うときのノウハウや、ネタ出しを行う際の考え方についてまとめ、さらに自分で頭と手を使えるようにした「ノート」です。企業のWeb担当者、Webコンサルタント、ブロガーなどが悩むであろうことを、例題を参考にして実践できるようになっています。なるべくライティングを好きになれるよう配慮したつもりです。

　また、サイト運営で必要なSEO対策やSNSの運用方法、アクセス分析や改善方法についても、有益性の高いものに絞って解説しています。

　本書がWebライティングを行う方々にとって役に立ち、Webサイトの活性化の一助となれば幸いです。

2016年6月　敷田憲司

本書の使い方

　本書ではWebライティングの基本を学ぶだけでなく、お題をもとに実際に書いたり、ネタ出ししたりすることで、ライティングのスキルと発想力を向上できます。書き込むスペースを用意しているので、ぜひご活用ください。読みながら、すでに自分で書いた記事をリライトしていくのも効果的な使い方です。

　本書の構成は、大きく分けて「基本解説」「ケーススタディ」「ステップアップ」の3種類で構成されています。以下のように、それぞれ役割が異なります。

☐ 基本解説

　Webライティングの基礎知識やネタ出し方法のほか、SNSなどの活用方法についても解説しています。Webライティングを体系的に学んだことがない方はもちろん、「自分のライティングが正しいか確認したい」「考え方のヒントが欲しい」という方のタメになるようなページです。

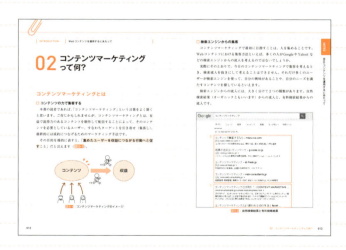

□ **ケーススタディ**

基本解説の内容を実際に考えてみるページです。必ず「お題」がありますので、それに沿ってネタ出し、ライティング、分析ができます。ライティングをする場合は解答例も掲載しているので、参考にしてください。

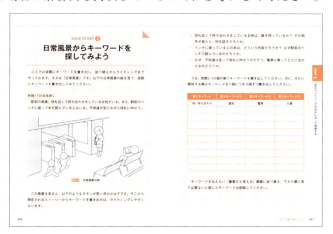

□ **ステップアップ**

実際に「書く」ことからは少し離れますが、運営の助けになるポイントを解説します。Webに関する知識や発想法、SNS運用の方法など、日々の仕事にお役立てください。

CONTENTS | 目次

はじめに ……………………………………………………………………… 003
本書の使い方 ………………………………………………………………… 004

INTRODUCTION　Webコンテンツを運用するにあたって …………………… 009

- 01　Webコンテンツを公開する意味と目的 …………………………… 010
- 02　コンテンツマーケティングって何？ ……………………………… 012
- 03　自分の強みを明確にする …………………………………………… 016
- **CASE STUDY 1**　自社サイトのポジショニングマップを描いてみよう …… 019
- 04　ペルソナを想定しよう ……………………………………………… 022
- **CASE STUDY 2**　ペルソナ診断クエスチョン ……………………………… 026
- **CASE STUDY 3**　Introductionのネタ出しクエスチョン ………………… 027
- **STEP UP1**　Webコンテンツの特性を理解する ………………………… 028

Chapter1　コンテンツ作成のためのネタの探し方 ……………………… 033

- 01　ネタがないのではなく、気づいていないだけ …………………… 034
- **CASE STUDY 1**　運営者目線とユーザー目線を切り替えよう …………… 036
- 02　ターゲットが欲しがるネタを知る ………………………………… 039
- **CASE STUDY 2**　Webサイトを「ユーザーが喜ぶこと」を基準に分類しよう
  　…………………………………………………………………………… 046
- 03　学ぶために「真似ぶ」 ……………………………………………… 048
- **CASE STUDY 3**　あなたの好きなサイトはどこがいい？ ………………… 050
- **CASE STUDY 4**　ニュースを自分なりに書き換えてみよう ……………… 052
- 04　オリジナルの情報（一次情報）は強い …………………………… 060
- **CASE STUDY 5**　Chapter1のネタ出しクエスチョン ……………………… 066
- **STEP UP2**　ネタ探しのフレームワーク ………………………………… 067

Chapter2　Webライティングの流れに沿って発想する ……… 071

- 01　これだけはおさえよう！ Webライティングきほんの「き」……… 072
- **CASE STUDY 1**　難解な文章を噛み砕いてみよう ……… 076
- 02　キーワードをまとめる ……… 079
- 03　文章を組み立てる ……… 087
- **CASE STUDY 2**　日常風景からキーワードを探してみよう ……… 090
- 04　文章の型を決める（「共感型」と「問題解決型」）……… 094
- **CASE STUDY 3**　恋愛ネタで「共感型」と「問題解決型」を書き分けよう … 098
- 05　文章にリズムを与える ……… 102
- **CASE STUDY 4**　経済ニュースをリズミカルにリライトしてみよう ……… 105
- 06　ストーリーを加える ……… 108
- **CASE STUDY 5**　文章の中に自分を登場させよう ……… 110
- **CASE STUDY 6**　Chapter2のネタ出しクエスチョン ……… 113
- **STEP UP3**　見た目の読みやすさを工夫する ……… 115

Chapter3　コンテンツの位置づけからアイデアを固める ……… 117

- **CASE STUDY 1**　コンテンツのポジショニングマップを描こう ……… 118
- 01　紹介文（商品やサービスの売り込み）の考え方 ……… 120
- **CASE STUDY 2**　カタログ情報を「共感型」の紹介文にしてみよう ……… 122
- **CASE STUDY 3**　カタログ情報を「問題解決型」の紹介文にしてみよう …… 125
- 02　イベントやキャンペーン周知の考え方 ……… 128
- 03　企業イメージ向上（ブランディング）の考え方 ……… 130
- **CASE STUDY 4**　自分の長所を「共感型」で書いてみよう ……… 132
- **CASE STUDY 5**　自分の長所を「問題解決型」で書いてみよう ……… 136
- **CASE STUDY 6**　Chapter3のネタ出しクエスチョン ……… 139
- **STEP UP4**　ガイドラインの作り方 ……… 140

Chapter4　SNSライティングの基本 …………………………………… 145

- 01　SNSの運用にあたって ……………………………………………… 146
- 02　SNSには何を書けばいいのか ……………………………………… 151
- **CASE STUDY 1**　自分が「いいね！」を押したものを振り返ろう ………… 155
- 03　NGネタに注意！ …………………………………………………… 157
- **CASE STUDY 2**　自分がブロックしたものを振り返ろう ……………… 159
- 04　更新が目的になってはいけない …………………………………… 161
- 05　仕事のSNSを楽しむためのヒント ………………………………… 163
- **CASE STUDY 3**　仕事を楽しんでいそうなアカウントを探そう ………… 166
- **CASE STUDY 4**　Chapter4のネタ出しクエスチョン ……………………… 168
- **STEP UP5**　メルマガ／Web広告の基本 ………………………………… 169

Chapter5　さらに質を上げるための分析・改善方法 …………… 173

- 01　検索キーワードや流入元を分析する ……………………………… 174
- **CASE STUDY 1**　Googleアナリティクスを使ってみよう ………………… 179
- 02　自分の強みが正しく認識されているかを検証する ……………… 184
- **CASE STUDY 2**　分析結果のポジショニングマップを描いてみよう …… 186
- 03　デバイスの違いを意識する ………………………………………… 188
- **CASE STUDY 3**　同じコンテンツをパソコンとスマートフォンで見比べよう

　………………………………………………………………………… 190
- 04　SEO対策を見直そう ………………………………………………… 193
- **CASE STUDY 4**　PDCAを回そう ……………………………………… 199
- **CASE STUDY 5**　Chapter5のネタ出しクエスチョン ……………………… 203

索引 …………………………………………………………………… 205

> INTRODUCTION

Webコンテンツを運用するにあたって

01 Webコンテンツを公開する意味と目的
02 コンテンツマーケティングって何?
03 自分の強みを明確にする
　　CASE STUDY1 自社サイトのポジショニングマップを描いてみよう
04 ペルソナを想定しよう
　　CASE STUDY2 ペルソナ診断クエスチョン
　　CASE STUDY3 イントロダクションのネタ出しクエスチョン

WEB WRITING IDEA NOTE

INTRODUCTION | Webコンテンツを運用するにあたって

01 Webコンテンツを公開する意味と目的

ライティングを始める前に

　本書では実例を交えながら、ライティングのネタ出し方法と書き方を解説していきます。さらに、それを参考にしながら実際に自分でコンテンツを作成（ライティング）してみることで、ご自身のノウハウにしていただくための「ノート」でもあります。読み進めていくことで理解が増し、実際にWebコンテンツをライティングし、運用する力もつけることができるでしょう。

　ライティングの話に入る前に、この章ではWebコンテンツを公開するにあたっての心構えや、目的について考えます。

Webは全世界に向けて発信するメディア

　あなたはサイトやブログをすでに運営していますか？　それとも、これから新しく立ち上げようと考えているところでしょうか。

　仕事の一環として会社の**オウンドメディア**[*1]を運営している人や、趣味でブログを開設して更新している人、副業としてアフィリエイトサイトを運営している人など、それぞれサイトの種類も目的も大きく違っていることでしょう。

　しかし、すべてのサイトやブログに共通していえることがあります。それは、「Webメディアを通して全世界に向けて情報を発信している」ということです。どんなサイトでも開設当初はアクセスもほぼ皆無に等しく、閲覧されていたとしても管理者である自分か、社内の人間や知り合いなど、サイト

を知るごく内輪の人達だけに限られるでしょう。

　そのため、開設当初は「全世界に向けて情報を発信している」という感覚がないままに、Webコンテンツの運営、更新を行ってしまいがちになります。しかし、「誰でも閲覧できる環境にはあるが、まだ見られていないだけ」という状況であることをしっかり理解して、「きっかけさえあれば多くの人が押し寄せ、アクセスが大幅に増えることもあるのだ」ということを認識したうえでサイト運営を行ってください。

　なぜ始めにこのようなことを述べたかというと、サイトの規模が大きくなって**アクセスが急激に伸びたときに、不用意な情報の更新や運用をしてしまうことで、思いがけないトラブルに巻き込まれる**ケースが多いためです（このリスクについては、Chapter4でも説明します）。また、**永続的に運営を続けていくためのモチベーションを保つためにも、世界に向けて情報を発信しているという意識は大切**です。

*1　**オウンドメディア**：企業やブランドが自ら所有するWebサイト（メディア）のことで、ブランドサイトやキャンペーンサイトなどがこれにあたります。

サイトの成功とは「決めた目的を達成すること」

　次のページからは、実際にライティングのネタ出しを始める前に、ライティングで生み出すコンテンツがサイトにとってどんな意味を持ち、何の目的を達成するものなのか、それを決めるための指針を解説します。

　まずはサイトにとっての「意味と目的」をしっかりと再確認しておくことが大切です。目的をはっきり意識していれば、ネタも出やすくなるものです。目的が定まっていないと、これから行う施策は何のためか、社内および社外へ説明ができないことで、協力を得られにくくなります。また、行動基準も明確でないため、一貫性のないブレた施策になってしまい、施策自体の効果も薄れてしまいます。

　サイト運営の成功とは、「決めた目的を達成すること」なのです。

| INTRODUCTION | Webコンテンツを運用するにあたって |

02 コンテンツマーケティングって何?

コンテンツマーケティングとは

□ コンテンツの力で集客する

　本書の読者であれば、「コンテンツマーケティング」という言葉をよく聞くと思います。ご存じかもしれませんが、コンテンツマーケティングとは、有益で説得力のあるコンテンツを制作して配信することによって、そのコンテンツを必要としているユーザー、すなわちターゲットを引き寄せ（集客し）、最終的には成約につなげるためのマーケティング手法です。

　その目的を端的に表すと、「**集めたユーザーを収益につながる行動へと促すこと**」だと言えます（図0-1）。

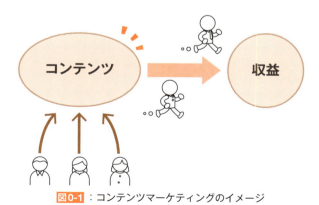

図0-1：コンテンツマーケティングのイメージ

☐ 検索エンジンからの集客

コンテンツマーケティングで最初に目指すことは、人を集めることです。Webコンテンツにおける集客方法といえば、多くの人がGoogleやYahoo!などの検索エンジンからの流入を考えるのではないでしょうか。

実際にそのとおりで、今日のコンテンツマーケティングで集客を考えるとき、検索流入を抜きにして考えることはできません。それだけ多くのユーザーが検索エンジンを使って、自分の興味があることや、自分のニーズを満たすコンテンツを探しているといえます。

検索エンジンからの流入には、大きく分けて2つの種類があります。自然検索結果（オーガニックともいいます）からの流入と、有料検索結果からの流入です。

図0-2 ：自然検索結果と有料検索結果

自然検索結果は 図0-2 の①、有料検索結果は②の部分です。簡単に説明すると、有料検索結果の枠は「広告」なので、そこにコンテンツページのタイトルと概要文を表示させるには広告費が必要となります。

これに対して、自然検索結果への表示は、お金がまったくかかりません。検索したユーザーの多くは検索結果の上位から目を通していくので、上位に表示されているページほどクリックされる可能性も高くなります。また、自分が求める情報がそのページに掲載されているかどうかは、検索結果に表示されているタイトルと概要文から判断します。

そのため、多くのサイト管理者は自然検索結果の上位に表示されるように、Webコンテンツの充実を図ることが絶対に必要です。場合によっては**SEO対策**[*2]も行うことで、上位表示を目指します。

[*2] SEO：Search Engine Optimization（検索エンジン最適化）の略。検索エンジンを対象として、検索結果の上位に現れるようにWebページを作成、または書き換えること。

ライティングはコンテンツの要

☐ SEOとWebライティングの関係

以前はコンテンツページの内容がさほど充実していなくても、小手先のSEO対策を行えば、ある程度は検索順位の上位に表示させることが可能でした。しかし、**いまの検索エンジンはよりコンテンツの中身をしっかり判断、評価して検索順位を決定する**ようになり、その精度も日を追うごとに向上しています。以前のSEO対策がまったく価値をなくしてしまったわけではありませんが、以前よりは価値が下がっていることは確かです。よって、いまはSEO対策ばかりに力を入れるのではなく、ページの中身を充実させることをこれまで以上に意識してコンテンツを作成することが大切です。

☐ Webライティングはコンテンツマーケティングの中核

コンテンツの充実化を実現させるための方法こそがWebライティングであり、コンテンツの作成においてはとても重要な要素だといえます。**Webラ**

イティングはコンテンツマーケティングの中核にあるといってもよいでしょう。ターゲットのニーズを満たすコンテンツを作成することはもちろん、制作者側の意図を的確に伝えるためにも、文章は必要不可欠だからです。

　文章では表現しにくい（読んだ人が理解しにくい）ものは、図や表、写真などを使って視覚的に表現することもあります。また、画像だけでなく動画などを使うコンテンツも多く登場してきていますが、それでもやはり基本は言葉、文章です。少し大きなことをいえば、人間のコミュニケーションの土台になっているのは言葉です。言葉での表現、特にWebコンテンツで効くライティングを身につけることが、マーケティングに直結する時代になっているのです。

| INTRODUCTION | Webコンテンツを運用するにあたって

03 自分の強みを明確にする

コンテンツマーケティングにおける強みとは

☐ 質問：「あなたの強みは何ですか？」

　多くの人が、この質問の答えに自分の得意なことや好きなことを挙げるのではないでしょうか。では、少し質問を変えてみます。あなたのコンテンツ（あるいはサイト）の強みは何ですか？　さらにもう一つ。その強みは、あなたのサイトにおける目的を達成するための助けとなっていますか？

☐ 個性が強みになる

　いざ目的が決まり、それに合わせたWebコンテンツを作成し、運営をしてはいるものの、なかなか目的が達成されない、目標としている数字までは到底及ばないということは、よくあることです。むしろ、最初からすべて計画どおりにいくほうが珍しいものです。

　目的が商品の販売であったり、サービスの申し込みであったりしても、まずは集客をしなければいけません。しかし、その集客もままならず、閲覧数（PV）が少ないために、目的の達成には程遠いということもあるでしょう。

　いったい何が原因なのか。また、どうすればよいのか。これは、「目的を達成するためのコンテンツが用意できていない」ということであり、「強みがコンテンツに生かされていない」ということでもあります。

　コンテンツマーケティングにおける強みというのは、そのコンテンツ独自の要素や方法です。さらにいえば、それこそがあなたのサイトにとっての個

性となり、ほかのサイトが真似できない集客のポイントにもなるのです。その個性といえるような自分の強みを見つけ、かつ把握しておかなければいけません。

強みを見つける方法

☐「自社の強み」はユーザー目線を忘れがち

強みというと、どうしても得意なことや好きなことが思い浮かび、それが正解のように思えます。しかし、コンテンツにおける強みを、自分の得意なことや好きなことで選んでしまうと、目的に対する方向がずれてしまうことがあります。そうではなく、**ユーザーのニーズを満たしていて、かつ「人よりも」優れていること**が重要です（図0-3）。

また、自分が強みだと思っていても、まわりにそう思われていないのであれば、それは強みとはいえません。Webコンテンツに限らず、自分では優れていると思っていること（たとえば、博識でおしゃべりが得意）も、他人から見れば違う評価をされている（回りくどい説明ばかりで要点がとらえにくい）というのはよくあることです。Webコンテンツの強みは、あくまで自分ではなくユーザーが判断するものであることを忘れないようにしましょう。

人よりも優れているか	ユーザーのニーズを満たしているか
●商品がお菓子の場合 パティシエが監修 →他社でも同じではないか？ →自社のパティシエは何がすごいのか？	●商品がボールペンの場合 人間工学を応用した疲れないデザイン →ユーザーにとって必要か？ →PCが普及したいま、ペンを長時間使う場面は少ないのでは？

図0-3：自社の強みを考える

☐ ユニークユーザー数が指針

もちろん、強みはサイトやコンテンツによって異なってくるものですが、ここでは一つわかりやすい基準を挙げてみます。それは「サイトの中で一番

ユニークユーザー*3（以下、UU）が多いページ」です。UUが多いということは、それだけ多くの人のニーズがあり、また人を集める強みといえるからです。UUの多いページを上から順に見ていけば、ユーザーが自社の強みをどう見ているか、認識しているかがわかってくるはずです。ただし、UUが多いからといって、そのコンテンツが目的達成ための助けとなっているかどうかはまた別の話です（これについてはChapter5で解説します）。

　次のケーススタディは、強みを見つけるために、自分のサイトのポジショニングマップを描いてみます。UUの多いページを参考にしながら書くと、きっとポジションが見えてくると思います。

---

*3　**ユニークユーザー（Unique User）**：Webのアクセス数の単位の一つで、閲覧ユーザー単位でカウントされる。あるWebサイトを特定の期間のうちに訪れた人の正味の人数。

CASE STUDY ①

自社サイトのポジショニングマップを描いてみよう

ここでは自分のサイトがどこに分類されるかを考えてみましょう。他サイトとの目的の違いも把握することができます。これにより、自分の強みを見つけ、差別化を図る参考にもなります。

図0-4 は、世間一般の代表的なサイトを分類したポジショニングマップです。

例）各サイトのポジショニングマップ

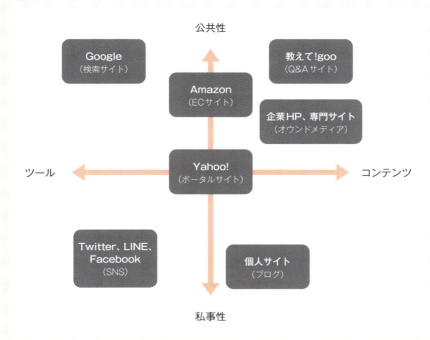

図0-4：代表的なサイトのポジショニングマップ

上図とこれまでの説明を参考に、自分のサイトがどのポジションにマッピングされるか、分類を考えて 図0-5 に記入してみてください。サイトの目的や意味によって、場所が大きく変わることがわかると思います。

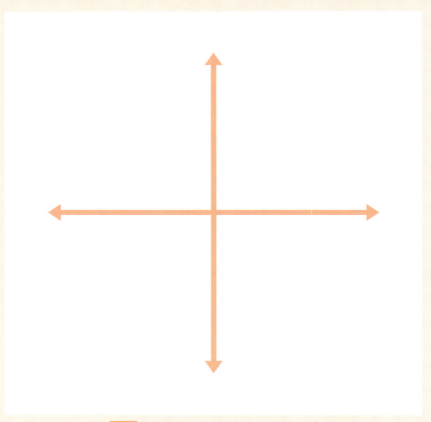

図0-5：自分のサイトのポジショニングマップ

サイトの目的を変更したいときはどうする？

　しっかりと目的を決めないままサイトを開設して、運営も始めてしまっている場合はどうすればよいでしょうか。いまから目的を決め直して、サイトを新しく開設したほうがよいのか、それとも現行のコンテンツを生かしつつ、路線変更を行うか。

　これは「サイトの状況や種類による」としかいえませんが、おおまかな目安としては、開設してまだ間がなく、かつコンテンツページの量も少ないのであれば、新しくサイトを立ち上げるほうがよいでしょう。ユーザーにサイトのイメージが定着していないうちに、なるべく早く目的を決め、リスタートを切るのが得策です。

　一方、新しいサイトを開設するのではなく、すでに開設、運営しているサイトを引き続き使いつつ、新しく決めた目的に向かうという状況になることもあると思います。その場合は、いままで運営してきたサイトのイメージがすでにユーザーにあるので、そのイメージを消すことから始めます。一番よいのは、なだらかに路線変更を行い、ユーザーに目的が変わったことを意識させないことなのですが、なかなかうまくいかないのが実情です。

　この場合、既存のイメージの上に、さらに新しいイメージをユーザーに与えなければいけないので、時間も手間もかかることは否めません。ある程度はリピーターが離れていくことも覚悟する必要があります。よって、その手間と時間をかけるだけの価値が既存のサイトにある（ブランドとして成り立っている、読者やリピーターが多いなど）と判断ができるときに限って、路線変更を行いましょう。

| INTRODUCTION | Webコンテンツを運用するにあたって

04 ペルソナを想定しよう

ペルソナとは？

　サイトやコンテンツを作成、運用するにあたっては、目的だけでなく、ターゲットをしっかり想定しておくことも大切です。想定読者、ユーザーモデルのことを**ペルソナ**[*4]といいます。ペルソナを想定しないままコンテンツを作成してしまうと、成果につながらないことはもちろん、興味すら持たれず読まれることがない、的外れなコンテンツを作ってしまう恐れがあります。

　特にサイト開設当初などアクセスが少ない状況では、想定したターゲット像を忘れ、とにかくアクセスを集めたい、PVを増やしたいという「PV至上主義」に陥りがちです（図0-6）。「アクセスを増やすためには毎日のように更新をしないといけない」という間違った固定概念にとらわれてしまい、記事を量産することばかりに必死になってしまうこともあります。

　また、仕事の一環としてサイト運営を行っていると、更新しないことで「サボっている」と見なされてしまうので、会社へのポーズとして更新するという、不毛なことが行われてしまう場合もあります。

　これでは、「手段が目的になっている」状態であり、目的が達成される確率を自らの施策で下げていることにもなってしまいます。更新に気を取られ、想定したターゲットから離れてしまうことは、結局は「ユーザーのニーズを満たす」という本質からも遠ざかることになります。こうならないためにも、ペルソナをしっかり定め、それに見合うコンテンツを作ることが大切です。

図 0-6 : PV ばかり追いかけない

*4　ペルソナ：本来は「仮面」という意味だが、マーケティングにおいては「企業が提供する製品・サービスにとって、もっとも重要で象徴的なユーザーモデル」の意味で使われている。

ペルソナを決めるコツ

☐ 目的から考えるのが王道

　しかし、ペルソナを決めるのは意外と難しいものです。条件や制限を決めずになんとなくペルソナを想像してしまうと、「元気な学生」「大企業に勤めるキャリアウーマン」「定年退職し、趣味に没頭するおじいさん」のような、想定しているようでしていない、具体性に欠けたものになってしまいます。

　ペルソナを決めるときは、サイトやコンテンツの目的から考えるのが王道です。例として、目的が「男性用高級腕時計を購入してもらうこと」の場合で考えてみましょう。まず商品が男性用ですから、必然的に男性がターゲットになります。高級ということは、ある程度の収入がある人に絞られます。年収500万円以上、30代以上の社会人を軸に、学生や若手社員が一生モノとして買う可能性もある、くらいが妥当なところでしょう（実際はもう少し掘り下げたいところです）。

☐ シチュエーションを想定して考えを広げる

いったんペルソナが決まったら、それを利用して購入のシチュエーションを考えます。どういうときに購入するかを考えていくと、「昇進したので、恥ずかしくないような時計を身に着けておきたい」「あこがれの有名人が愛好しているから」「社会人10年目に自分へごほうび」などの理由が考えられます（図0-7）。

「ごほうび」をヒントにさらに考えを広げると、彼氏へのプレゼントとして女性が買う場合や、成人を迎えた子供へのお祝いの品として親が購入することなども思い浮かびます。つまり、最初に想定した「収入のある30代以上の男性」ではないペルソナ候補が出てきます。これらの中から、誰をターゲットにすると最も効果的なのか検討します。

図0-7：ペルソナを考える

ペルソナをコンテンツへ落とし込む

☐ コンテンツに必要最低限なものを揃える

ペルソナが定まったら、必要最低限の内容をコンテンツにします。前述の例で考えると、商品は「高級腕時計」ですから、その商品の説明や特徴を書くのは基本だといえるでしょう。Webコンテンツは文章だけでなく、画像や

動画なども掲載できますので、最も効果的な表現方法を検討します。「百聞は一見にしかず」ということわざもあります。

しかし、これだけではまだまだ「情報不足」だといわざるを得ません。購入意欲の高いユーザーならすんなりと購入するかもしれませんが、買うかどうか迷っている人や、何となく立ち寄った人などの背中を押す内容が必要です。

☐ ペルソナの立場から肉づけをする

ここで、具体的に考えた人物像やシチュエーションが役に立ちます。つまり、商品が欲しいと（潜在的に）思っている人が「購入するために欲しい情報は何か」「わからないことや不安に思っていることは何か」と考え、より詳しい情報や、よくある質問の答え、購入に至るまでのプロセスの丁寧な説明を掲載すればよいのです。シチュエーション別や、ユーザーの用途別にオススメの商品を紹介するなどもよいでしょう。

このように、一度ペルソナが決まれば、ユーザーの立場から考えることができるので、いままで見えなかったものが見えるようになります。それをライティングすることで訴求力の高いコンテンツを作ることができます。それはまさに「目的を達成するためのコンテンツ」となるのです。

ペルソナを決めてそれに見合う具体的なコンテンツを作成する方法については、Chapter3でも実例を交えて解説します。

CASE STUDY ❷
ペルソナ診断クエスチョン

　ペルソナを決めるにあたり、想定のヒントになる項目を40個用意してみました。ここでは一般的なものを挙げているので、自分の業種やサイトに合わせてアレンジしてみてください。視点を切り替えるときや、ネタ出しのきっかけにもなると思います。

- Q1. 性別は？：
- Q2. 年齢は？：
- Q3. 職業は？：
- Q4. 年収は？：
- Q5. 学歴は？：
- Q6. 住所は？：
- Q7. 出身地は？：
- Q8. 体重は？：
- Q9. 結婚している？：
- Q10. 子供はいる？：
- Q11. 親と同居している？：
- Q12. 趣味は？：
- Q13. インドア派？アウトドア派？：
- Q14. 1日のインターネット閲覧時間は？：
- Q15. 1日のテレビ視聴時間は？：
- Q16. 通勤時間は？：
- Q17. 服装に気を使う？：
- Q18. 社交的？：
- Q19. 家事をする？：
- Q20. SNSに積極的？：
- Q21. 読書をする？：
- Q22. 友人は多い？：
- Q23. 休日に何をする？：
- Q24. お酒を飲む？：
- Q25. 車を所持している？：
- Q26. 日常的に運動をしている？：
- Q27. 副業や投資をしている？：
- Q28. ファストフードを食べる？：
- Q29. どんなクセがある？：
- Q30. キャリアは順調？：
- Q31. 遊びに行く街は？：
- Q32. 好きな芸能人は？：
- Q33. 好きなマンガは？：
- Q34. 好きなスポーツは？：
- Q35. 上昇志向はある？：
- Q36. 仕事の不満は？：
- Q37. 朝型？夜型？：
- Q38. Windows派？Mac派？：
- Q39. 戸建？マンション？アパート？：
- Q40. 異性の友人は多い？：

図0-8：ペルソナ診断クエスチョン

CASE STUDY ❸

Introductionの ネタ出しクエスチョン

本章の内容から、以下の質問に答えてみましょう。

期間を空けて何度も考え直して、ライティングの幅を広げるきっかけにしてください。

Q1. サイト（コンテンツ）の目的は何ですか？

Q2. サイト（コンテンツ）の強みは何ですか？ また、その強みが仮に他社の場合でも、あなたは強みと認識できますか？

Q3. サイト（コンテンツ）のペルソナを具体的かつ詳しく書いてみてください。

Webコンテンツの特性を理解する

Webコンテンツと紙媒体の比較

☐ Webコンテンツのメリット

　ここではWebコンテンツのメリットとデメリットについて、紙媒体と比べながら説明します。Webコンテンツのメリットは、インターネットを介して「全世界に向けて、手軽に情報を発信できる」ということです。インターネット環境に接続でき、コンテンツを閲覧できる機器があれば、場所はまったく関係ないのです。

　一方、紙媒体は実物が手元にない限り、そこに掲載されている情報を見ることができません。もし多くの人に見てもらいたいなら、その場所まで届けるという輸送コストも発生します。最近では、もともと紙媒体であった書籍を、電子書籍として出版することも多くなりました。新聞各社も紙媒体だけにこだわらずに、自社のサイトだけでなくYahoo! Japanなどのポータルサイトにもニュースを配信し、ユーザーに情報を届けるようになっています。

　また、Webコンテンツは公開までの作業が容易であり、リアルタイムで情報を伝えることができるという「即時性」と「伝播の速さ」もメリットです。たとえば、新しい情報を手に入れ、それをすぐに広めるようなとき、Webの特長を存分に生かせます。既存のコンテンツに追記するならば、さらに時間を短縮できます。

　紙媒体の場合、新聞の号外でも、印刷するぶんWebよりも時間がかかります。そもそも、よっぽどの大ニュースでない限り、採算を考えると実行できないでしょう。

☐ Webコンテンツのデメリット

このように書くと、Webコンテンツのほうが紙媒体よりも勝っているように思えます。しかし、多くのメリットが、逆にデメリットにもなり得るのです。

インターネットと端末があればどこでも閲覧できるという利点は、裏を返せばその環境にない人には、どうやっても届けられません。形がないことが、デメリットになります。また、即時性と伝播の速さというメリットも、手違いがあったときに「伝えたくない情報も即座に伝わり、拡散してしまう」というデメリットになってしまいます。

リスクを把握したうえで運用する

☐ 炎上リスク

もう少し、Webコンテンツのリスクについて考えます。間違えた情報を公開し、それを信じた人が不利益を受けた。安易に人をからかう言葉を書き込んだり、軽率な行動を動画に撮ったりして公開したら、多くの人から非難されて炎上した。一度こうなってしまうと、あとから訂正や謝罪をしても残念ながら手遅れです。

☐ ユーザーにとってのリスク

ユーザーにとってのリスクにも触れておきます。容易に情報を修正できるということは、同じ記事でもいつの間にか内容が変わっている場合もあるということです。たとえば、「以前閲覧したWebコンテンツが有用だと感じたのでブックマークをしていたが、時が経ってからもう一度アクセスしてみたら、そのページは削除されてしまっていた」「以前閲覧したときの情報を読み返したくてアクセスしたら、以前と違う情報が書かれていた」などということも十分起こり得ます。Webコンテンツの管理者がサーバからページを消してしまえば、そのページはもう存在しないことになり、ユーザーのアーカイブとしては機能しないのです。

紙媒体であれば、情報が勝手に消えたり、書き換わったりすることはあり

ません。閲覧できる場所や環境が限定されるというデメリットは、外部環境に影響されないともいえ、この場面ではメリットになります。

　Webコンテンツだから優れている、紙媒体だから劣っているということではなく、お互いの特性およびメリット、デメリットをしっかり把握、理解したうえで使い分けることが大切です。

Webは読者をセグメントできる

☐ Webの集客とは

　Webコンテンツには、「読者を**セグメント**[*5]できる」という大きな特徴があります。しかしそれを説明する前に、セグメントの前提である「Webコンテンツにおける集客の方法」について説明をします。

　Webコンテンツにおける集客といえば、代表的なのは検索エンジンからの流入です。いまならSNSを活用する方法もありますが、検索流入を抜きにして考えることはできません。検索エンジンから自分のコンテンツに流入させるためには、検索結果にページが表示される状況を作り出さないといけません。検索流入を獲得し、さらにその流入を増やすとなると、なるべく検索量が多いキーワード（ビッグキーワード）で検索されたときに上位表示されることがキモだといえます。

[*5]　**セグメント**：市場の中で共通のニーズを持ち、製品の認識の仕方・価値づけ・使用方法、購買に至るプロセス、すなわち購買行動において似通っている顧客層の集団のこと。

☐ 検索流入数ばかり追わない

　しかしコンテンツの目的は、決してやみくもに流入数を増やすことではありません。検索流入が多いのは悪いことではありませんが、それを目的にしてしまうと、コンテンツの内容がずれてきます。

　前置きが長くなりましたが、読者をセグメントできるという点に話を戻します。集客のために検索流入を増やすことが大切とはいえ、コンテンツに興味のないユーザーを集めてもあまり意味がありません。たとえばビッグキー

ワードで検索順位1位を獲得したとしても、コンテンツとまったく関係のないものだとしたら、ページを開いたユーザーはがっかりしてしまいます（検索エンジンの評価基準に照らし合わせれば、このようなことはほぼありえないのですが、説明するための極端な例としてとらえておいてください）。

むしろ、**検索量が少ないキーワード（スモールキーワード）であっても、コンテンツと密接に関係があれば、少ないながらも確実に成果に結びつく**でしょう。このように、Webコンテンツは**キーワード単位でユーザーをセグメントできる**のです。

□ **ターゲットへ的確に広告を出せる**

もう一つ、広告を例に挙げます（図0-9）。たとえば電車の中吊り広告は、その電車を利用している乗客に広告を見てもらうために掲載されています。いろいろな広告が貼られていますが、すべての広告に興味を持つ人はいません。広告の中身や貼る場所も、広告代理店と鉄道会社が決めることなので、路線による大まかなセグメントはあるにしても、不特定多数に向けていると

図0-9 : 紙の広告と、Webの広告の違い

いえます。また、読書している人や携帯を見ている人など、まったく広告を見ない人もいるでしょう。

これに対して、Web上の広告、特に有料検索広告（リスティング広告）の場合は、検索キーワードに則した検索結果に表示されます。「高級腕時計」というキーワードで広告を出稿すれば、そのキーワードに興味のある人の検索結果にだけ、広告を表示できるのです。どちらが購入へのモチベーションが高く、目的達成に近いかは言わずもがなでしょう。

このように、いまのWebコンテンツは読者をセグメントするにはとても有用であり、その環境も整っているといえます。

☕ COLUMN

SEO対策に異変？

前述のとおり、検索順位は集客において大変重要です。そのため、Web担当者に限らず、個人ブロガーなどもSEO対策に躍起になり、試行錯誤を繰り返しています。

しかし、最近は検索エンジンの精度も上がっており、SEO対策を行えば自然検索順位が絶対に上がるというわけではなく、逆にSEO対策を行わないことで下がるわけでもありません。資金があれば、有料検索広告（リスティング広告）を出稿し、そこから検索流入を集めるという方法もあります。

いまの検索エンジンは「Webコンテンツに何が書かれているのか」を分析し、そして「そのキーワードで検索したユーザーのニーズに合っているか」を正確に評価して、検索順位を決定するようになってきています。これは、Googleの検索アルゴリズム[*6]が検索ユーザーに有益な情報を提供できるように常に改善が行われているからです。

*6 検索アルゴリズム：検索順位を決定するGoogleのシステム。キーワードとの関連性や、コンテンツの充実度、自然リンク（広告や無意味なリンクではないもの）の多さなどによってページを評価している。

> CHAPTER 1

コンテンツ作成のためのネタの探し方

01 ネタがないのではなく、気づいていないだけ
　　CASE STUDY1　運営者目線とユーザー目線を切り替えよう
02 ターゲットが欲しがるネタを知る
　　CASE STUDY2　Webサイトを「ユーザーが喜ぶこと」を基準に分類しよう
03 学ぶために「真似ぶ」
　　CASE STUDY3　あなたの好きなサイトはどこがいい?
　　CASE STUDY4　ニュースを自分なりに書き換えてみよう
04 オリジナルの情報(一次情報)は強い
　　CASE STUDY5　Chapter1のネタ出しクエスチョン

WEB WRITING IDEA NOTE

CHAPTER 1 | コンテンツ作成のためのネタの探し方

01 ネタがないのではなく、気づいていないだけ

書くべきネタがないと悩む前に

　テーマ、目的、ターゲットの想定ができたら、ネタを探してライティングを始めましょう。しかし、ターゲットの具体的な姿まで描けているにも関わらず、ライティングを始めることができないという人がいます。

　それは「何を書いていいのかわからない」、すなわち「書くべきネタがない」という理由です。実はこの悩み、ライティングを行う人にとっては永遠に続いていく悩みといっても過言ではありません。筆者もいまだに持ち続けています。

　ただし、この悩みによってライティングができなくなるわけではありません。むしろ、うまく付き合うことで、ライティングの質も上がります。「ユーザーがうまく言語化できない問題を、自分が書くことで解決してあげるのだ」というくらいの気持ちでいるとよいでしょう。

ネタに気づいていないだけ

　大事な考え方は、**書くべきネタがないのではなく、ネタに気がついていないだけ**だということです。もっといえば「ネタの探し方がわからない」だけなのです。ネタなんていうものは案外近くに転がっているものなのですが、意識を変えない限りは、なかなかそれに気がつきません。

　ネタを探すときの第一歩は、とにかく**視点を変える**ことです（図**1-1**）。一

番大事なことは、ペルソナ目線になる（ユーザーの立場になって考える）ことです。提供する側の視点から考えてうまくいかないのであれば、受け取る側の視点から考えます。目的の面からいっても、ターゲットを意識して書くことで受け入れられるライティングになり、訴求力のあるコンテンツへと昇華されていきます。

　また、ユーザー側の気持ちで考えることをさらに工夫すれば、たくさんの視点を作り出すことができます。ユーザーも十人十色です。まったく同じ趣味嗜好、性別、年齢ということはあり得ません。ペルソナを決める際、メインターゲット像を具体的に決めているでしょうが、ある程度の揺らぎがあることを見越したうえで想定しているのではないでしょうか。その**ズレの部分も、うまく活用**してみましょう。

　この章では、埋もれているネタに気がつくためのヒントを紹介していきます。

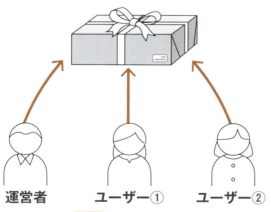

図1-1：視点を切り替える

CASE STUDY ①

運営者目線とユーザー目線を切り替えよう

　ここでは、ある商品を運営者目線で見たお題をもとに、ユーザー目線で文章を書いてみましょう。運営者目線がダメということではなく、どちらの視点もライティングには不可欠です。また、本当にユーザーが書いたようにオススメする、というのは現実的ではないので（そうなるとステマです）、ユーザーにとっての価値を言葉にすることを心がけてください。

例題）エナジーマックス（架空のエナジードリンク）を紹介する

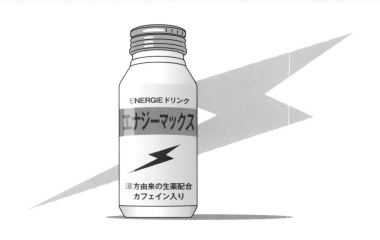

図1-2：例題のイメージ

運営者目線でのライティング

エナジーマックスは、これまでのエナジードリンクとは違います。カフェインの含有量はどの類似商品よりも多く、さらに漢方由来の生薬も配合。パッケージは海外の有名デザイナーが手掛けました。コンビニ限定商品です。

ヒント

運営者目線	ユーザー目線
カフェインの含有量が類似商品より多い	いちばん眠気が飛ぶ
漢方由来の生薬配合	疲れた体が回復する
海外の有名デザイナーによるパッケージ	栄養ドリンクよりも、持っていて恥ずかしくない
コンビニ限定	身近ですぐ手に入る

解答例

あなたはエナジードリンクを購入するとき、何を基準にして選んでいますか？ エナジードリンクを飲むときは、疲れを取るため、もしくは仕事や遊びの前に気合いを入れるために飲むことが多いと思います。大切なのは、もちろん「効果」です。

疲れを取りたいときは、漢方由来の生薬が配合されているエナジードリンクが効果的です。仕事をもうひと踏ん張りしたいときは、眠気覚ましとしてカフェインが多く含まれるものがよいでしょう。エナジードリンクは多くの商品が発売されていますが、この2つの効果が同時に見込めるものはまだありませんでした。

ついにこの2つの効果を同時に満たしてくれるドリンクが登場。その名も、エナジーマックス！ 発売前に行った試飲では、98％の人が「シャキッとする」「眠気が覚めた」などの効果を実感しました。

待ちに待ったドリンク、エナジーマックス。一度飲んだら、もう手放せない。

解答例のように、ヒントの中から2つを強調した文章を書いてみてください。

同様にヒントの中から、残りの2つを強調した文章を書いてみてください。これで、2つの書き方ができました。

| CHAPTER 1 | コンテンツ作成のためのネタの探し方

02 ターゲットが欲しがるネタを知る

ターゲットが喜ぶことを想像してみる

　繰り返しになりますが、コンテンツ作りの基本は、ターゲットが欲しがっている情報や、知って得するようなネタを探してライティングすることです。ここでもやはり、ユーザー目線で喜ぶことを考える必要があります。

　たとえば、金銭や時間を節約できるような情報は、当然ながらユーザーにとって得です。ほかにも、わからないことが理解できるように説明されている記事や、読むだけで面白いコンテンツもやはり喜ばれるでしょう。

お得な情報

☐ お得とは何か

　もう少し具体的に、例えば「お得な情報」について考えてみます。まず考えられるのは、お金に関する情報でしょう。**「商品が安く買える場所がある」**という情報は、お金に直結する情報です。また、お金を稼げるという情報も、お得な情報だといえるでしょう。

　ほかにも、**「時間の短縮」**や**「スキルの修得」**などもお得な情報に挙げられます。面倒な作業が一瞬で終わるノウハウや、スキルアップできる情報はとても有益です。端的にいえば、役立つ知識や知恵に関する情報といえます。

☐ お金に関する情報

　比較サイトなどは、商品が安く買える場所の情報が集約されているサイトです。値段だけでなく、そのお店特有のサービスなど付加価値についての情報も加えれば、ユーザーにとってさらに有益なサイトとなるでしょう。グルメサイトも比較サイトと同じ役割です（図1-3）。お客さんのクチコミや★の数などで飲食店の評価をしていますが、ランキング形式なら比較そのもの。値段で絞る機能もついていることが多いので、お金に直結するサイトの代表格です。

　比較サイトでなくても、例えば自社が提供するサービスが他社の同様のサービスと比べて、価格や内容で優れていることを説明するコンテンツを用意することも、お金に直結する情報提供だといえます。

　またお金を稼げるという情報は、お得度でいえばかなり高いものですが、この話題はデリケートに扱う必要があります。まぎらわしい表記や過剰な言葉で煽るのはもちろん、再現性のない話に終始してしまうと、その情報を鵜呑みにしたユーザーがその通りにやっても稼げず、結果的に詐欺行為と同じになってしまいます。特に個人サイトでPVを上げるために「儲かる系」のコンテンツを作る人は多いですが、陳腐化するスピードも速いので、長く見てもらうことも考えるなら、あまりオススメできる方法ではありません。

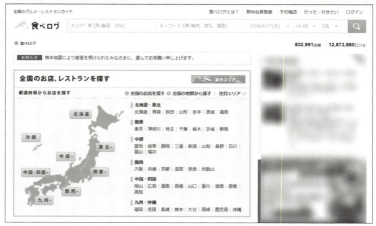

図1-3：グルメサイトの例（食べログ）　URL http://tabelog.com/

☐ 役立つ知識を与える情報

役立つ知識や知恵に関する情報も、お得な情報です。たとえば**ツールの使い方**などは、時間の短縮につながりやすいものです。キーボードのショートカットキーや、便利なWebアプリ、文房具の活用方法などを自社サービスと結びつけられるなら、積極的に発信してみましょう。

スキルアップできる情報も、お金や時間という具体的な数値として成果を測ることが難しいものですが、ユーザーにとっては身になる、力になる情報なので、お得と言い換えられます。例を挙げると、資格取得のために必要な知識や考え方を理解するための具体的な例題を出し、解説をつけて説明するようなコンテンツは喜ばれます。ユーザーがコンテンツで勉強できるだけで十分有益ですが、実際に資格を取得できれば大きな成果が残ります。また、実際に自分やほかのユーザーが勉強でつまずいた部分を情報共有すれば、具体的な参考となり、よりお得感が生まれます（図1-4）。資格試験に限らず、得意分野を伸ばしたいというニーズは当然ありますが、それよりも苦手分野、**つまずいたことを克服したいという思いのほうが切実**です。

図1-4：ユーザーの情報を共有している例（勉強法大賞）
URL https://www.shoeisha.co.jp/campaign/study/2015

☐ お得な情報は好感度アップにつながる

　上記のような情報を積極的に提供すれば、「よい情報をくれるサイト」と思われ、好感度がアップします。普段自分が見ているサイトや、常連になっているお店にも通じるところがあるのではないでしょうか。

　お得な情報は、ネット上にも街中にもあふれています。いくらでもヒントが得られるので、注意して見てみましょう。

お悩み解決

☐ 手続き的な悩み

　わからないことが理解できるように説明されている情報、つまり悩みが解決できる情報も、Webでは受けのよい定番のコンテンツです。まず考えられるのは、「方法がわからない」という手続き的な悩みです。これはターゲットがわかりやすいようなライティングを、写真や図なども交えて解説するのが効果的です。手続き的な悩みも、知識や知恵を提供することで解消できるものがあります。この場合は解決法を表現するのが容易な部類になり、**悩みを解決するまでの流れを書けばよい**のです。

　たとえば確定申告などは、これから個人事業主になる人や、定年退職した人など、知りたい人がたくさんいます。確定申告についてネットで調べる人の多くは、初めて申告する人です。本を読んでもわからない部分がある、なるべくいろいろな情報を集めて不安を解消したいというのが、検索する動機です。このような悩みに対しては、細かなことでも丁寧に書いてあげることが大切です。「領収書やレシートがない場合は、出金伝票に詳細を書いておく」といった、経験者からすると当たり前のことでも、それを知らない人にとってはとても重宝する、ありがたい情報となります。

　ネタに困ったときは、「過去に自分が悩んだけれど、解決できたこと」を考えてみると、記事になるかもしれません。悩んだことがない人はいないので、**自分の過去にネタは詰まっている**と考えてみてください（図1-5）。

図1-5：自分の過去にネタはある

□ **身体的な悩み・環境への依存度が高い悩み**

　そのほかの悩み、たとえば身体的な悩みや、環境への依存度が高い悩みとなると、一つの答えを用意できない場合が多いです。これらの悩みに対しては、**代表的なケース**や、実際の**体験談**を書くとよいでしょう。**解決策をユーザーから募集する**のも一つの方法です。しかし、それでもこれらの悩みについての解決案を提示することは難しいものです。

　特に身体的な悩みは、薬や治療法なども関わってくることもあり、医師や薬剤師でなければわからないことも多いでしょう。また、薬について適当に書いてしまうと、薬機法違反となる可能性もあります。

　環境への依存度が高い悩みは、たとえば保育園不足による児童待機問題などです。住んでいる場所、地域によっては保育園の数が足りないため、引越しなければいけなくなる人や、自分で育児をするために仕事を辞めざるを得ない人が出ています。仕事を辞めると収入が減るので、育児だけの問題ではなくなってきます。自治体によっては育児のための補助金や保育料の免除などの制度もあり、きちんと相談すれば部分的に解決できることもあります。しかし、そういった制度があることを教えてくれる人が周囲にいないため、「相談する」という発想自体がなくて困っている人も多いです。具体的な答えは用意できなくても、解決の一助となる場所や人を紹介するコンテンツを提供することも大切です。

　解決が難しいといっても、少しでも多くの悩みが解決するきっかけになることを願って情報を発信していくことには、大きな意義があります。親切心

はモチベーションにもなるので、ぜひ挑戦してみてください。

□ Q&Aサイトはネタの宝庫

　現在のネット上で、一番ユーザーの悩みを解決しているのは「Q&Aサイト」といっても過言ではありません（図1-6）。Webライティングをする人にとって、Q&Aサイトはネタの宝庫です。いろいろなユーザーの悩みが具体的に書かれ、解決方法もさまざまな人が知恵を絞って書き込んでいるからです。

　Q&Aサイトを見て、自分なら模範解答よりも正確で詳細な回答ができると感じたなら、それは間違いなくアドバンテージとなるので、ぜひライティングに生かしてください。単純にネタ探しの際にも大いに参考になります。書くことがないと思ったら、まず見てみるとよいかもしれません。

図1-6：Yahoo! 知恵袋　URL http://chiebukuro.yahoo.co.jp/

ターゲットが喜ぶその他の情報

　意外な発見をネタにしたものは、ターゲットが気づかなかった視点や論理を提供することにもなるので、ターゲットが潜在的に欲しがっているネタと

いえます。

　あるサッカー選手の評価についての話を例にしましょう。選手の評価についての詳細なデータ（ボール保持率、シュート成功率など成績を示す数字）を列挙して評価を語るのは、提供する情報としては基本的なことです。この記事に、所属しているクラブチームの成り立ち（経営、スポンサーの話）や、監督との確執、代表チームとクラブチームとのプレイスタイルの比較など、データにも関係してくる背景を加えると、ぐっと面白そうに感じると思います。

　さらに、的確な意見や考察を加えられれば、**オリジナルの価値を提供**できるようになります。これは「この人が書く文章を読んでみたい」というファンを作り出すきっかけになるだけでなく、**検索順位の評価においても有利**に働きます（一次情報の強みについては後述します）。

CASE STUDY ❷
Webサイトを「ユーザーが喜ぶこと」を基準に分類しよう

自分のサイトや競合サイト、同じ業界のサイトなどを「お得な情報を発信している」「悩みを解決してくれる」の2つの軸で分類してみましょう。

たとえば、有名なサイトを分類すると以下のようになります（図1-7）。

図1-7：有名サイトの分類

図1-8 に、自分のサイトを含めた分類を記入してください。ここでの分類は主観で構いません。分類を考える過程での発見も大切です。

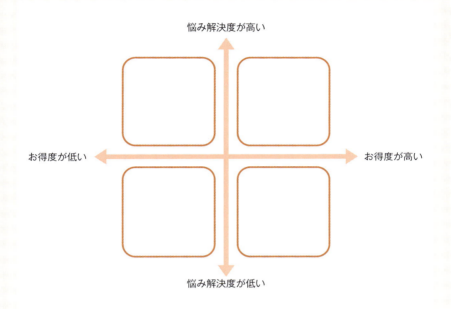

：自分のサイトを含めた分類

☕ COLUMN

ポータルサイトは役割が多彩

検索エンジン（Google）や、ポータルサイト（Yahoo!）の分類は難しいです。検索する事柄や求める回答によって、お得度も悩み解決度も違い、たまたまポータルサイトで閲覧したニュースで悩みを解決できることもあります。

CHAPTER 1 コンテンツ作成のためのネタの探し方

03 学ぶために「真似ぶ」

気になるサイトを真似しよう

　気になるサイトやブログを探し、そこからネタを参考にしたり、ライティングのいいところや悪いところを学んだりしてみましょう。気になるサイトを自分なりに、なるべく詳しく、具体的に分析してみてください。

　記事によく取り上げられるテーマはどういう傾向があるか、文章が読みやすいか、事実と筆者の意見が分けられているか（誤読しにくい工夫がされているか）など、真似すべきところがあるはずです。逆に、悪い特徴を見つけるかもしれません。専門的で難解な言葉を乱発して理解しづらい文章になっている、毒舌と勘違いしている誹謗中傷など、いち読者として不快に思う部分があれば、反面教師にしてください。

　もちろん「真似ぶ」といっても、お手本にしているサイトのコンテンツをそっくりそのままコピーしてはいけません。大切なのは、ネタの選び方やライティングの方法を真似するということです（そっくり真似しては、著作権侵害です）。

☐「守破離」を目指す

　ネタ探しやライティングに限らず、何事も「真似ぶ」ことは「守破離」であるといえそうです。守破離とは、日本での茶道、武道、芸術などにおける修行の段階を示したものです。「守」は師や流派の教えや型、技を忠実に守って身につける段階のことをいいます。「破」はほかの師や流派の教えについて

も考え、よいと判断したものを取り入れて、心技を発展させる段階です。「離」は師や流派から離れて、独自の新しいものを生み出して確立させる段階のことをいいます（図1-9）。

ネタ探しとライティングもまったく同じです。お手本になるサイトのネタや文章を真似するところから始めた場合でも、いろいろなサイトや文章からライティング力を上げていき、さらには自分なりのアレンジを加えて、独自のノウハウにまで高めていきます。

図1-9：守破離

CASE STUDY ③
あなたの好きなサイトはどこがいい？

　実際に、自分の好きなサイト、気になるサイトの分析をしてみましょう。まず、好きなサイトを一つピックアップしてください（どんなサイトでも結構です）。

　次に、なぜそのサイトのことが好きなのかという理由を最低でも5つ書いてください。それから、どうしてそれが好印象なのか、下記の点から分析してみてください。

Q1. 好きなサイトをピックアップしてください。

Q2. そのサイトが好きな理由を最低でも5つ、できるだけ具体的に書いてください。

Q3. 「感情」で分析してください（好きな記事を読んだときに、喜怒哀楽の感情が生まれたはずです。どこに心を動かされたか、考えてみましょう）。

Q4.「即時性」で分析してください（情報の鮮度はどうか、古い情報なのに有用なコンテンツがあるかなどをチェックしてみてください）。

Q5.「利点（メリット）」で分析してください（そのサイトを閲覧することで、自分にとってどのような利点があるのかを具体的に書いてみてください）。

Q6.「表現」で分析してください（サイトの見た目や、文章表現のうまさなど、ほかのサイトではあまり見られない工夫について分析してください）。

　具体的に分析ができたら、自分のサイトに盛り込んで実現する方法を考えます。中には、実現が難しいこともあるでしょう。その場合は、なぜ自分のサイトにそぐわないのかという考察を追記してください。
　このケーススタディを繰り返し行うことで、具体的な施策が色々と浮かび、ほかのサイトを見たときに真似すべきところがすぐ見えるようになるはずです。

CASE STUDY ❹

ニュースを自分なりに書き換えてみよう

今度はライティングを真似してみましょう。ここではライティングの基本中の基本、「読み手に正確な情報を伝えること」を目的にして書かれた、ニュースをお手本にします。自分なりに書き換える際に意識することは以下の3つです。

- 記事で伝えたいことをしっかり理解する
- 違った視点、たとえば当事者の誰かが書いたと想定して書き換える
- 独自の考察や意見を加える。ただし、事実と意見は明確に分ける

では、上記の注意点を意識して、例題のニュースを自分なりに書き換えてみてください。ジャンルの異なる3つのニュース記事を用意しています（下記の記事はいずれも創作です）。

ニュース1

図1-10：ニュース1のイメージ

　北部鉄道は、来年から新型車両を導入することを発表した。翔泳工業が製造し、今年の8月から順次納品、1月の運行開始を予定している。車両は側面に2本の赤いラインを入れ、車内は白を基調に青のシートを使用する。省エネルギー化を実現し、現行車両より約35%の節電になるという。利用者の高齢化にともない、優先席と車いすスペースを増設し、利便性向上も図る。

例）　元の記事の想定：新聞社から一般読者に向けて
　　→**書き換え記事の想定**：北部鉄道の広報から利用者に向けて

　北部鉄道は、来年から新型車両を導入します。運行開始は、来年の1月下旬を予定しています。

　今回の新型車両は、車体の側面に「活動的」の意味を込めた2本の赤いラインを入れ、車内は清潔感のある白を基調にし、シートは落ち着きのある青を使用、快適な空間を演出します。ご年配のお客様にも車内で

快適に過ごしていただけるよう、優先席と車いすスペースを増設しています。

　環境問題、エネルギー問題にも配慮し、新型車両は現行車両より約35%の節電を実現しました。新型車両の導入により、通勤・通学時のストレス軽減や、地域社会の発展に貢献することも目指しています。

　来年は北部鉄道の新型車両で気持ちのよい時間をお過ごしください。

上記の例を参考に書き換えてみてください。

ニュース2

図1-11：ニュース2のイメージ

　デビュー15周年を迎えたロックバンド、「DOOWY（同意）」のベストアルバム『BEST HIT シングルコレクション』（3月3日発売）が、発売初週に12万枚を売り上げ、週間アルバムランキングで初登場1位を獲得した。

　DOOWYのアルバム週間1位の獲得は『Constant Love』（2001年3月発売）から10作目となる。同時に自身が持つ歴代1位記録である「ロックバンドによる初週のアルバム売上1位の連続獲得数」を10作連続に更新し、デビュー15周年の節目を飾った。

例） 元の記事の想定：スポーツ新聞から一般読者に向けて
　　→書き換え記事の想定：芸能ニュースサイトからロックファンに向けて

　伝説のロックバンド、DOOWYのベストアルバムがバカ売れ！
　これは21世紀最高のロックアンセム集だ！

デビュー15周年を迎えた「DOOWY（同意）」が3月3日に発売したベストアルバム『BEST HIT シングルコレクション』が、発売初週に12万枚を売り上げました。週間アルバムランキングで初登場1位を獲得し、これで自身が持つ「ロックバンドによる初週のアルバム売上1位の連続獲得数」の記録を10作連続に更新しました。

　この記録は、2001年3月に発売されたメジャーデビューアルバム『Constant Love』から始まっており、実に15年にわたり不動の人気であることがうかがえます。この記録、いったいどこまで伸びるのでしょうか？

　記録更新を考えると、早くも次のアルバムが待ち遠しいですね。

上記の例を参考に書き換えてみてください。

ニュース3

図1-12：ニュース3のイメージ

　厚生労働省は全国の大学生を対象に、アルバイトでのトラブルに巻き込まれないよう、労働条件の確認を促すリーフレットの配布や、出張相談などを行うことを決定しました。多くの学生がアルバイトを始める4月から夏休み前までの期間に実施されます。学内でリーフレットを配布するほか、ポスターの掲示によっても周知するとのことで、いわゆるブラックバイトから学生を守る取り組みとして期待されます。

例）　元の記事の想定：ニュース番組から一般視聴者に向けて
　　→書き換え記事の想定：大学生向け商品を販売する企業のブログから
　　　大学生に向けて

　ブラックバイトから学生を守れ！ 立場の弱い学生を救うため、ついに国が動く

　社会問題になっている学生アルバイトで起こるトラブルに対して、ついに国が重い腰を上げました。厚生労働省は全国の大学生を対象に、ア

ルバイトの労働条件の確認を促すキャンペーンを4月から7月まで実施するそうです。リーフレットの配布による啓蒙や、出張相談なども行ってくれることが発表されました。

　思い返せば、私も大学入学と同時に一人暮らしを始め、アルバイトを探すときに不安を感じたことがありました。地元を離れた場合は相談する相手もいないでしょうから、これはとても助かりますね。

　リーフレットの配布や告知、出張相談は学内で行われます。自分の大学で、ぜひチェックしておきましょう。
　学生は勉強が本業ですが、きちんとバランスを取れば、アルバイトは大学生活に彩りを添えてくれるもの。楽しいキャンパスライフのためにも、きちんと選ぶようにしたいものです。

上記の例を参考に書き換えてみてください。

これを何度か繰り返せば、自分なりに文章をアレンジする方法がわかってきます。だんだん独自のノウハウもできあがるはずです。

04 オリジナルの情報（一次情報）は強い

CHAPTER 1　コンテンツ作成のためのネタの探し方

「その他大勢」にならないために

　ここでは少しステップアップして、ターゲットが欲しがるネタを提供するだけでなく、**コンテンツの価値を高めるためにオリジナルの情報（一次情報）を提供する**ことについて説明します。情報を集めて切り貼りしたようなコンテンツは、いわゆる「まとめサイト」と変わりがなく、ライティングをしたとは言い難いものです。著作権侵害になる恐れがあるほか、検索エンジンからコピーコンテンツやスパムコンテンツだと判断され、検索順位が下落するなどのペナルティを受けることもあります。

　オリジナルでないコンテンツは、言ってしまえば「その他大勢」です。検索結果においてもその他大勢に埋もれてしまい、検索流入があまり見込めない結果になります。だからこそ、視点を変えた考察や意見を惜しみなく出して、一次情報にすることが大切です。

　ただし、自分の意見を述べればよいだけというわけでもありません。ただの独り言になってしまわないように、なぜその意見に至ったのかを、ターゲットに明確にわかりやすく伝える必要があります。

一次情報と二次情報の差

☐ 一次情報とは

　一次情報というのは、専門誌や学会誌に掲載される論文といったニュース

ソースのような堅苦しいものだけではなく、直接見た、会った、聞いたなど、**自らが仕入れた現場の情報**のことでもあります。すなわち、自分で体験することで一次情報を得ることができると考えられます。

動画サイトで人気のあるものに「やってみた」というジャンルがあります。くだらなすぎていままで誰もやらなかったようなこともあれば、実現の難易度が高く、特殊技能などが必要なために誰もできなかったことなど、さまざまな動画があります。こういった体験型の動画も一次情報であり、最初に「やってみて」、その経験談（考察や意見）をターゲットへ伝えているから価値があり、人気なのです。

☐ 二次情報は不利

しかし、その動画が受けたからといって、ほかの人が同じような動画を公開しても受けません。ここに、一次情報と二次情報の大きな違いがあります。これはライティングでも同じです。

事実として、他人のネタを扱ったコンテンツはネット上に多数あります。同じテーマで同じような文章が書かれていますが、それは一次情報を参考に書いているからです。自分で体験したものであれば、別の切り口が自分の中から湧き出てくるはずです。覚えておいてもらいたいのは、その体験が**陳腐で面白みに欠けるもの**だったとしても、**自分の言葉で語った体験は二次情報よりも価値がある**ということです（図1-13）。

図1-13：一次情報は強い

商品レビューを参考にしよう

☐ 商品レビューは一次情報の集まり

　一次情報の価値を説明するときに一番わかりやすい例は、ECサイトの商品レビューです。レビューは商品の売り上げに大きな影響を与えますが、それはユーザーが実際に使った体験談を参考にする人が多いことを表しています。読みやすい文章で書かれたレビューはあまり多くなく、具体的な指摘にも欠け、抽象的なものが多いです。しかし、それでも多くの人に読まれ、売上にまで影響するのは、その文章が自分の言葉で語った体験談だからです。人から聞いた内容や、他人のうまい文章をほとんどコピペしたような実感のないものよりも価値があると、ユーザーが認めている証拠でもあるのです。

☐ きれいな文章でなくてもよい

　文章レベルの高くないレビューが受けるというのは、大いに励みになるといえます。Webの世界では、新聞・雑誌・書籍と比べ、「きれいな文章」の重要度は下がります。たとえ企業のサイトであっても、記者や作家並みの文章を期待している人はいません。ときにはユーザーの意識にも甘えるつもりでいれば、記事作成のプレッシャーから解放され、気持ちが楽になるでしょう。完璧な文章を書くよりも、自分の体験を惜しまず提供していくことのほうが大切です。間違いばかりの文章はいけませんが、形にこだわり過ぎる必要はありません。

体験談を書くコツ

　話題の掘り下げを繰り返し行うことによって、体験談はより具体的になり、誰もが理解しやすい文章となります。

　例として、「ハサミ」にまつわる体験談を書くとします。最初に書いた文は、感じたことそのもの、「使いにくい」という主旨だとします。次は「なぜ使いにくいのか」という原因を考え、それを書きます。今度は原因から、さ

らに掘り下げていきます。

①このハサミは使いにくい
↓
②原因は…
　指を入れる穴が小さい、刃先が短い、切れ味が悪い
↓
③さらに掘り下げる
　・指を入れる穴が小さい
　　　⇒子供が使うにはよいが、大人には使いにくい
　・刃先が短い
　　　⇒糸を切るにはよいが、大きな紙はまっすぐ切りにくい
　・切れ味が悪い
　　　⇒力を入れないとうまく切れない

　このように掘り下げれば、具体的な体験談にまで落とし込むことができます。読者にとってイメージがしやすい、理解しやすい文章になります。

　Webライティングにおける体験談は、「私は書き手である」という意識が強すぎると、人の役に立ちません。**ユーザー目線というよりも、本当に一人のユーザーとして書く**ことが大切です。

専門的なネタは一次情報になりやすい

☐ 専門情報はオウンドメディアと相性がよい

　一次情報として体験談を推奨しましたが、ほかにも一次情報になりやすいものとして、自分の専門分野について書くという方法もあります。専門的なネタであるほど、一般の人があまり知らない情報が含まれている可能性が高いからです。

特に**オウンドメディアは専門的なネタととても相性**がよいため、率先して発信したいところです。オウンドメディアの主な目的は、ブランディングを兼ねた商品、サービスの宣伝であることが多いです。しかし、ただ宣伝するだけのコンテンツでは広告と変わらないため、ユーザーが喜んで閲覧することはほぼありません。

そこで、仕事として携わっているからこそ知り得る情報や、企業ならではの情報をコンテンツにしてみます。オリジナルの情報を提供することになるだけでなく、普段は聞けない裏話のような感覚を与えるので、そのジャンルを好きな人にとっては非常に楽しいものになるでしょう。

☐ 読者が求める専門情報を提供しよう

筆者のブログ（図1-14）は、自分の仕事で得た知識や情報、経験を（公開できる範囲で）書いています。特にSEOについて書くことが多いのですが、たとえば最新ニュースの紹介でも、Googleから発表された情報について私なりの解釈や考察を加えて紹介しています。情報元が自分ではなかったとしても、必ず自分の考察を加え、かつわかりやすく噛み砕いた文章に置き換えれば、それは立派なオリジナルコンテンツになります。もちろん、仕事を通して経験したことは、自分だけの情報であり、これを読み手にうまく伝えることができれば、誰にも真似できないコンテンツになることは間違いありません。

上記を意識して書いた記事はSNSでシェアされることも多く、外部のサイトやブログでリンクを張られることも多くなります。オウンドメディアの狙いは、まさにこのような波及効果（バズ）です。ただし、**専門性のあるメディアでは、一般ウケを狙うとブランドが低下**してかえってユーザーが離脱する可能性もあります。サイトに合った専門性の高い情報も、しっかり提供してください。

図1-14：検索サポーター URL http://s-supporter.hatenablog.jp/

□ 専門情報のデメリット

このように専門的なネタは一次情報になりうる、オリジナルなネタになりうるというメリットがあるのですが、逆にいえば専門的なネタはとっつきにくい、理解が難しいと思われるかもしれません。なるべく平易な単語や文章表現、具体例を用いるなどの工夫が必要です。もともと専門性の高い情報を求めてサイトを訪れた人にとっても、わかりやすい文章であることはマイナスにはなりません。いくらオリジナルであっても、読み手が理解できなければ意味がないことは意識しておいてください。

ネタをひと工夫する

本章で述べたように、ネタは身近に転がっていて、工夫次第ではオリジナルな情報として読者に提供ができます。真似することから始めて、自分なりの色を出せないか考えてください。大それたことでなくても、独自の体験談や意見を加えれば、ユーザーにとって価値のある、良質なコンテンツとなるでしょう。

CASE STUDY ⑤

Chapter1の ネタ出しクエスチョン

本章の内容から、以下の質問に答えてみましょう。

期間を空けて何度も考え直して、ライティングの幅を広げるきっかけにしてください。

Q1. 自社の商品やサービスを運営者としてアピールしたい点はどこですか？
それは、初めてその商品やサービスを知った人にも嬉しいものですか？

Q2. 一番最近、あなたが「知っておいてよかった」と思った情報は何ですか？

Q3. Q&Aサイトを見て、納得のいかない「模範解答（ベストアンサー）」を書き換えてみてください。

Q4. 最近初めて行った飲食店の感想（体験談）を教えてください。

ネタ探しのフレームワーク

アイデア発想のためのフレームワーク

☐ フレームワークからネタを探していく

フレームワークは、思考や分析、意思決定、問題解決、戦略立案などでよく使われます。ここでは筆者が実際に利用している2つの手法を紹介します。どちらも定番のものですが、考え方としては大いに参考になるものです。

☐ ロジックツリー

ロジックツリーは、主題となるテーマを一つ決め、そのテーマに関する事情や単語を書き出していく方法です（図1-15）。枝分かれしたアイデアについてさらにアイデアを書き出すことを繰り返せば、ネタがどんどん膨らんでいきます。とても基本的なフレームワークですが、ネタの整理・分類にも使える非常に便利なものです。また、ロジックツリー全体で一つの大きなネタとすることもできます。

枝葉の部分は、具体的な解決策や、ネタにおける要因や問題点を書き出すことで、後に文章として書き起こす際の質を高めることができますが、最初は思いつくままに書き出してみてください。

たとえばアニメのキャラクタービジネスの記事をテーマとしてライティングするなら、以下のように書き出すことができます。

テーマ：アニメのキャラクタービジネスの記事

```
アニメの            キャラクター      → フィギュア   → 値段が高い ・・・
キャラクター    →  がわいい        → ぬいぐるみ   → 可動式    ・・・
ビジネス
                 → ほかのキャラ    → スピンアウト作品
                   クターやスタ
                   ッフ            → 声優

                 → メディアミッ    → 小説
                   クス            → ゲーム
                                   → 実写映画

                 → 法律関係        → 版権の申請
```

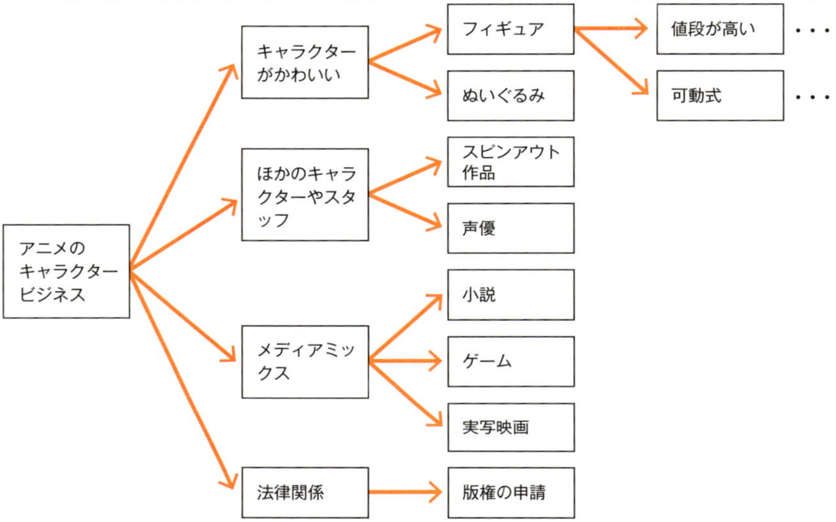

図1-15：ロジックツリーの例

☐ SWOT分析

　SWOT分析とは、Strength（強み）、Weakness（弱み）、Opportunity（機会）、Threat（脅威）の頭文字を取ったもので、それぞれを書き出して分析し、戦略を練るフレームワークです（**図1-16**）。書き出した項目から、「強みを強化する」「強みを機会に生かす」「弱みと脅威の鉢合わせを回避する」などを考えます。

　例として、ロジックツリーと同じテーマ「アニメのキャラクタービジネスの記事」の場合は、以下のように分析できます。

テーマ：アニメのキャラクタービジネスの記事

Strength（強み）	コアなファンは関連グッズを収集する傾向にあるのでメディアミックスはメリットが多い
Weakness（弱み）	ターゲットが限定的（アニメファンのみが対象になる）
Opportunity（機会）	メディアミックスによって、小説やゲームを入口にしてファンを増やせる
Threat（脅威）	小説、ゲーム、実写映画の評価が低いとブランド価値が低下する

図1-16：SWOT分析の例

ネタカルテ

　ネタカルテとはその名のとおり、ネタやアイデアを発想するための自問自答シートです。本章でも説明したように、ネタに詰まったときは視点を変えることが大切で、これはその手助けになるフレームワークです。たとえば、本章の「CASE STUDY❶」に登場した「エナジーマックス」でネタカルテを書くと図1-17のようになります。質問は適宜変更して、自分にあったカルテのフォーマットを作ってみてください。

例）エナジーマックス（エナジードリンクの新商品）を紹介するためのネタカルテ

ネタカルテ

日付：2016年4月1日

サイト名：（例）株式会社エナジーボンボン公式サイト

自己診断の症状（困りごと）：

エナジーマックスの販促のためのコンテンツをライティングするにあたって、どういうことを書けばよいのかわからない。

テーマ（書きたいこと）の特徴：

カフェインの含有量が類似商品よりも多い。漢方由来の生薬も配合。パッケージは海外の有名デザイナーによるもの。コンビニ限定商品。

特徴に関すること、連想されること：

- エナジードリンクは「気合いを入れる」ために飲む。
- 効果が高いものを飲みたい。
- 眠気覚ましになるものがよい。
- パッケージがデザイン性に優れているものはオシャレ感だけが先行して、本当に効くのか疑わしい。
- ほかのエナジードリンクと飲み比べしたい。
- エナジードリンクと栄養ドリンクはどう違う？

上記で特に読者に伝えたいこと：

- 効果が高いものを飲みたい。
- 眠気覚ましになるものがよい。
- エナジードリンクと栄養ドリンクってどう違うの？

図1-17：ネタカルテ

> CHAPTER 2

Webライティングの流れに沿って発想する

01 これだけはおさえよう! Webライティングきほんの「き」
　　CASE STUDY1 難解な文章を噛み砕いてみよう
02 キーワードをまとめる
03 文章を組み立てる
　　CASE STUDY2 日常風景からキーワードを探してみよう
04 文章の型を決める(「共感型」と「問題解決型」)
　　CASE STUDY3 恋愛ネタで「共感型」と「問題解決型」を書き分けよう
05 文章にリズムを与える
　　CASE STUDY4 経済ニュースをリズミカルにリライトしてみよう
06 ストーリーを加える
　　CASE STUDY5 文章の中に自分を登場させよう
　　CASE STUDY6 Chapter2のネタ出しクエスチョン

WEB WRITING IDEA NOTE

| CHAPTER 2 | Webライティングの流れに沿って発想する |

01 これだけはおさえよう!
Webライティングきほんの「き」

伝わらなければ意味がない

　この章では、基本となる考え方や発想方法について、実際のライティングを行う流れに沿って説明していきます。しかしその前に、必ず意識してほしいWeb文章の基本だけ、先に説明します。

　Webに限らず、ライティングでは文章の内容を読者にしっかりと伝えることが一番大事です。たとえ文章がとても有用で、かつ価値のあることが書かれているとしても、内容が読者に伝わらなければ意味がなく、もし間違って伝わってしまったら逆効果です。誤解を解くためにさらに説明を要することにもなり、ムダな作業も発生します。一度読んだだけで理解できない文章は、ライティングに失敗しているといえるでしょう。

　誤解を与えないよう文章表現に注意し、難解な言葉や、日常であまり使うことのない言い回しなどを避け、なるべく平易な文章で言い換えることを心がけてみてください。比喩表現などを使って工夫すれば、読者も理解しやすくなるでしょう。

わかりにくい言葉の例

　四字熟語は特に難解な言葉が多いといえます。四字熟語は短い文字数で状況や心情などを伝えられる優れた表現なのですが、特に使う必要のないときは避けたほうがよいものです。「臥薪嘗胆」と書くよりも、「成功のために苦

労に耐える」のほうがイメージしやすいです（そもそも前者は読めない人もいるでしょう）。同様に、「雲散霧消」は「跡形もなく消えた」と書けば済む話です。難しい言葉を使うと文章の質が上がると思われがちですが、Webライティングのように不特定多数を相手にする場合、それは誤解です。

読後感を意識する

読者が「読んでよかった」と思ったり、「読んで得したな」と感じたりするような読後感も大切です。つまり、知ることで読者のためになる情報や、新たな気づきを与えられるか、ということです。これは、好きなことを書いているだけだったり、書き手だけが興奮したりしているような独りよがりな文章では、決して得られないものです。

独りよがりな文章は、読者のことを考えていても書いてしまうものです。**伝わりやすいように比喩表現を使ったとしても、それは本当に読者の理解を促進するものなのか、一考する**必要があります。「うまい表現を思いついた」と思っても、ひょっとすると単なる自己満足かもしれません。冷静な目で判断する必要があります。

わかりやすい比喩とは、よく使われる言い回しで例えたり、オノマトペを使って読者が頭の中でイメージしやすいように表現したりした文章です。「あまりの気味の悪さにゾクゾクした」「心臓が飛び出るぐらいにドキドキした」などは定番の表現です。

自己満足の比喩

わかりにくい自己満足の比喩とは、うまい言葉で無理に例えようとしたり、あまり使われない単語に置き換えてしまい、かえって意味が伝わらなくなってしまう、本末転倒な文章です。難しい言葉を使ってインテリジェンスがあるように見せかけようとしている場合によく見られます。極端な例ですが、

「カナダの現地スタッフと緊密なコミュニケーションを行い、グローバルなベストプラクティスを提供するオポチュニティを生み出します。」

　冗談のようですが、この文章は実際にある企業が使用したものをほとんど引用したものです。意味がわかりますか？

　文章は「読むもの」です。読者目線という言葉の意味は「ニーズをくみ取る」だけの話ではありません。一人の読者としてその文章を読んだときにどう感じるかということを、常に意識してライティングしてください。

比喩や言い換えで気をつけること
- 難しい漢字を使わない
- 四字熟語はなるべく避ける（簡単なものはOK）
- 一般的な言葉か、客観的に判断する（検索にかけてヒットの少ない言葉は注意）
- 無理にカタカナ語を使わない

同字異音

　伝わりやすさにも通じますが、ストレスを与えないためには細かな配慮が必要です。

　特に同字異音（漢字は一緒だが読み方が違うもの）は、読みによって意味も違ったものになってしまいます。ふりがながなくても前後の文章で読み方を特定できることもありますが、判断がつかない場合は読者が混乱してしまいかねません。たとえば、「開ける」は「あける」とも「ひらける」とも読めますし、「臭い」は「におい」とも「くさい」とも読めます。判断がつきにくいと感じた場合は、漢字で表記するのではなく、**あえてひらがなで表記する**のも一つの方法です。

まぎらわしい漢字とカタカナ

　漢字とカタカナについても、区別がつきにくい場合があります。例えば「力」という文字は漢字の「チカラ」なのか、それともカタカナの「カ」なのか。「口」という文字は漢字の「クチ」なのか、それともカタカナの「ロ」なのか。一目見ただけではどちらが正解なのかわからないため、読者は前後の文章を含めてどう読むのかを判断することになります。

　Webでは「クチコミ」という単語がよく出てきますが、「口コミ」だと読みにくいですよね。その単語が出るたびにいちいち判断させるような文章はストレスを与え、さらに**文字がスムーズに頭に入ってこない**ためイメージもしにくくなります。最悪の場合、読むこと自体を遠ざけてしまうことにもなります。

　これらは、Webライティングにおいてはとても重要な考え方です。Webライティングで文章を作成する際は、最低限これだけでも気をつけるようにしてください。次のページからは、実際に文章を書き起こすことでライティングのチカラを上げていきます。

CASE STUDY ①
難解な文章を嚙み砕いてみよう

　伝わりやすい文章を書く練習として有効な方法の一つに「難解な文章を嚙み砕くこと」があります。誰にでもわかりやすい、平易な文章に書き直すことは、自分の理解度アップにもつながります。

難解な文章

> 　ラグビーは前方へボールを投げることが禁止されており、選手が陣地を得る方法はボールを持って走るか、ボールを蹴るかしかない。1チーム15人で行われる。
> 　選手はタックルに続いてボールの支配を争い、状況に応じて、ラックあるいはモールが発生する。ボールのポゼッションを維持している限り、得点するまで無制限にタックルを受けることができ、反則はとられない。

わかりやすく書き直した例

> 　ラグビーは1チーム15人で行われるスポーツで、前方へパスを出す（ボールを投げる）ことが禁止されています。相手の陣地に攻め込むには、ボールを持って走るか、ボールを蹴って運ぶしかありません。
> 　選手はボールを持った相手にタックルをして、ボールを取り合います。状況に応じてラック（敵と味方が立ったまま身体を密着させて、ボールを囲んでいる状態）あるいはモール（敵と味方がボールを持っている選手の身体を捕まえて、密着して囲んでいる状態）が発生します。ボールをキープしている限りは、得点するまで無制限にタックルを受けることになります。

同じように、次の文章を書き直してみてください（わからない用語は調べてみてください）。

図2-1：例題のイメージ

難解な文章

> カーリングにおいて、ゲーム中の1回の攻守はエンドと呼ばれ、冬季オリンピックなど公式な試合では10エンド、持ち時間73分で行われる。また、第5エンドが終了すると休憩となる。現在は1試合に1回のみコーチの助言を仰ぐことができ、その間の時計は止まらないというルールになっている。なお、試合途中で自チームの勝ちが望めないと判断した場合、相手チームの勝ちをコンシードすることでゲームを終了させることができる。10エンドマッチでは、6エンド終了後からコンシードの表明ができ、スキップが相手に握手を求めることで行う。
>
> 各エンドではリード・セカンド・サード・フォースの順に、1人2投ずつ各チームが交互に1投し、ハウスをめがけてストーンを氷上に滑らせる（これを「投げる」という）。ストーンの位置の指示はスキップまたは

スキップの代理が行う（試合中はスキップしかハウスの中に入ることはできない）。

　また、決められた区間にストーンを止めなければそのストーンは外される。ストーンはホッグラインを越えなければならず、サイドラインに当たってもいけない。どちらの場合もストーンは外される。相手チームのストーンに自チームのストーンを当てて、ハウスからはじき出してもよい（テイクアウトと呼ばれる）。

わかりやすい文章

02 キーワードをまとめる

キーワードを書き出す

ここからは実際のWebライティングの流れに沿って、発想していきましょう。ここでは例として、読者をサッカーファンにするためのコンテンツを考えます。

最初は**「キーワードを書き出す」**ところから始めます。あとのケーススタディでは、元のネタとなるお題と記入欄を用意しています。こちらも使って実際に書いてみてください。

第1キーワードを考える

キーワードを書き出す前に、ぼんやりとでもテーマを1つ決める必要があります。まずは練習として、自分が好きなものをテーマにキーワードを設定してみてください。

企業のオウンドメディアであれば、企業の技術や情報（ブランディング）、商品・サービスの特徴やメリットに関係することが必然的にテーマとなります。ただし、これらは専門性が強くなり過ぎる傾向があります。そこで、テーマに関するキーワードを複数考えてみることで、一般にも受け入れられやすい言葉を一緒に探すことができます。

◆テーマの例：読者をサッカーファンにする

　テーマに関するキーワードをまず10個書き出します。このキーワードのことを説明上、「第1キーワード」と呼びます。

　前述のとおり、業務で第1キーワードを考えるときは、なるべくわかりやすい単語にしましょう。これはネタの幅を広げるためでもあります。専門的なテーマから専門的なキーワードを連想してしまうと、そこからさらにキーワードを連想することが難しくなってしまいます。テーマから逸れない範囲で、平易なキーワードを自由に連想するのがコツです。

◆第1キーワードの例：

> Jリーグ、地域密着、スタジアム、選手の年棒、選手の海外移籍、サポーター、放映権、代表チーム、ユニフォーム、観戦の楽しさ

第2キーワードを加える

　次は、第1キーワードに関係するキーワード（第2キーワード）を3個ずつ書き出します。重複したものがあっても構いません。ここでは、10×3＝30個、考えてみます（図2-2）。

◆第2キーワードの例：

Jリーグ	⇒	JFL、地域リーグ、天皇杯やカップ戦
地域密着	⇒	ホームタウン案内、市民との交流、行政との関わり
スタジアム	⇒	場所、収容人数、交通アクセス
選手の年棒	⇒	平均年棒、ほかに仕事をしている選手、固定or成果報酬
選手の海外移籍	⇒	日本人が多い海外リーグ、移籍時の問題点、代理人との関係
サポーター	⇒	どんな人たちか、応援の仕方、観戦グッズ
放映権	⇒	放映権料の分配率、海外配信、視聴方法

代表チーム　　⇒　クラブチームとの関係、給与は出るのか、幹部になるには

ユニフォーム　⇒　レプリカとオーセンティックの違い、サプライヤー、その他グッズ

観戦の楽しさ　⇒　観戦料金、スタジアムグルメ、仲間との出会い

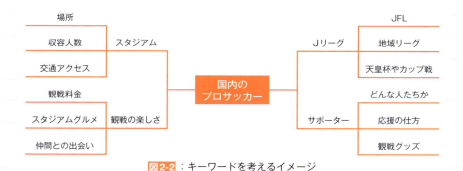

図2-2：キーワードを考えるイメージ

第1キーワードを並べ替える

今度は、第1キーワードを並べ替えます。このときの基準は、「どれをよりターゲット（読者）に伝えたいか」です。並べ替えるときは、第2キーワードも一緒に連れて行きます。

詳しくは後述しますが、Webコンテンツは伝えたいこと（結論）から順に書くことが大切です。キーワードもこの考え方に基づいて並べ替えます。結論に強く結びつくキーワード（メリットを提示できるもの）や、読者が一番興味を持っていると考えられるキーワード順に並べ替えることになります。以下は実際にキーワードを並べ替えた例です。

◆第1キーワードを並べ替えた例：

例1） サッカーを生で観戦することを勧めたい場合

　　　①観戦の楽しさ　　②スタジアム　　　③サポーター
　　　④地域密着　　　　⑤Jリーグ　　　　⑥代表チーム
　　　⑦選手の年棒　　　⑧選手の海外移籍　⑨放映権
　　　⑩ユニフォーム

例2） サッカーに関わるお金の話の場合

　　　①選手の年棒　　　②Jリーグ　　　　③放映権
　　　④選手の海外移籍　⑤代表チーム　　　⑥ユニフォーム
　　　⑦スタジアム　　　⑧地域密着　　　　⑨サポーター
　　　⑩観戦の楽しさ

例3） 地方旅行としての魅力の場合

　　　①地域密着　　　　②スタジアム　　　③観戦の楽しさ
　　　④Jリーグ　　　　⑤代表チーム　　　⑥サポーター
　　　⑦ユニフォーム　　⑧選手の年棒　　　⑨選手の海外移籍
　　　⑩放映権

第1キーワードを選別する

　並べ替えたら、下から順に第1キーワードを見てください。そして、それは本当にターゲットに伝える必要があることなのかを判断してください。あまり重要でないと感じたものがあったら、（第2キーワードを含めて）思い切って削除します。これを削除するものがなくなるまで繰り返します。

　また削除する際、新たに「伝えるべき第1キーワード」が浮かんでくることもあるでしょう。そのようなときは、遠慮せずに書き加えます（同時に第2キーワードも加えます）。

◆第1キーワードを選別した例：

　ここでは例1の「サッカーを生で観戦することを勧めたい場合」で考えてみます。いくつかのキーワードを削除し、新たに「観戦スタイル」と「観戦後」というキーワードを追加しました。

◆キーワード

> 観戦の楽しさ、スタジアム、サポーター、地域密着、Jリーグ、代表チーム、ユニフォーム、観戦スタイル、観戦後

第2キーワードを選別する

　今度は第2キーワードに注目します。第1キーワードをターゲットに伝えるにあたり、3つの第2キーワードだけで足りるかを考えてみます。不足していると感じるなら、キーワードをどんどん書き加えていきます。逆に3つもいらないと思ったら、遠慮なく削除するのもポイントです。

　この手法に慣れない間は、おそらくたくさん書き出すことになると思います。しかし、「過ぎたるは及ばざるがごとし」ということわざがあるように、キーワードが多すぎると文章が複雑になっていきます。慣れてきたら、**蛇足ではないか考えながら発想**してください。

◆第2キーワードを選別した例：

観戦の楽しさ	⇒	スタジアムグルメ
スタジアム	⇒	場所、収容人数、交通アクセス
サポーター	⇒	どんな人達か、応援の仕方、観戦グッズ
地域密着	⇒	観戦料金、ホームタウン案内、市民との交流
Jリーグ	⇒	JFL、地域リーグ、天皇杯やカップ戦
代表チーム	⇒	地方で行われる際のスケジュール（追加）
ユニフォーム	⇒	その他グッズ、購入場所（追加）

観戦スタイル（追加）	⇒	どの席で応援するか（追加）、ゴール裏の暗黙のルール（追加）、これだけはやってはいけないこと（追加）
観戦後（追加）	⇒	後片づけやごみ拾い（追加）、新しい友人との交流（追加）

　これで、ライティングを行うための「部品」が完成しました。

キーワードを肉づけする

　部品が集まったら、次は組み立て作業です。まずは部品を実際に使える形にするべく肉づけします。すなわち、バラバラのキーワードを文というかたまりに変えるのです。

　第2キーワードを使って、第1キーワードを説明する文を作ってみてください。ここまでキーワードの並べ替えや選別をする際にいろいろ考えたことがあったと思うので、まったく説明ができない、書けないということにはならないはずです。文と文のつながり（つまり完成された文章）は次の工程で考えるので、まずはどんどん文を書くことが大切です。

☐ **キーワードを文にした例**

観戦の楽しさ

> 　サッカー観戦はやはり生で見るに限ります！
> 　試合が行われる日のスタジアムの周辺には、通称「スタジアムグルメ」と呼ばれるお店がたくさん出店され、お祭り状態になります。
> 　試合観戦だけでなく、グルメを堪能することを目的として行っても、とても楽しく過ごせます。
> 　最寄り駅周辺の商店街も活気づくので、試合前や試合後に立ち寄ってみてはいかがでしょうか？

スタジアム＋地域密着

　試合当日は多くの人の来場が見込まれるので臨時バスも運行されます。
　スタジアムや観戦する席によって金額はまちまちですが、国内のプロサッカー最高峰のJリーグでも、一番安い観戦料金なら2000円ほどです。
　観戦料金は、Jリーグではなく JFL や地域リーグになるとタダというところもあります。

代表チーム

　ただし、日本代表戦となるとそうはいきません。価格が高くなるのはもちろん、チケットもなかなか取れません。
　たまに地方で試合が開催されることがあるので、事前にスケジュールを確認して、かなり早くから予約しておくことをオススメします。

サポーター＋ユニフォーム

　観戦は手ぶらでも結構ですが、チームのグッズを持っていくと、さらに楽しめます。
　特にレプリカユニフォームとタオルマフラーを持っていけば、同じチームを応援している人達と親近感や一体感が生まれるからか、コミュニケーションがスムーズになります。

観戦スタイル

　スタジアムには周りを気にせずにじっくり見られるメインスタンドやバックスタンドなどがあります。多くの人と一緒になって応援したいならゴール裏がよいと思います。

初めて観戦する人はコアサポーターが陣取っているゴール真裏の「爆心地」から少し離れた場所で応援してみて、まずは雰囲気を感じてみることをオススメします。
　チャント（応援歌）や、応援方法（タオルを振る、掲げる、手拍子など）を覚えると、さらに楽しめるでしょう。
　チームやサポーター団体によっては「ゴール裏の暗黙のルール」というのが存在しますが、そういうことを気にしていたら何もできないので、最低限のマナーは守ったうえで、応援に参加しましょう。

観戦後

　観戦後は自分のごみだけではなく、あと片づけやごみ拾いを行いましょう。横断幕やゲートフラッグなど、ほかの方の応援グッズの片づけも手伝ってあげてください。勝っても負けても気持ちよくスタジアムをあとにしましょう。
　観戦に来ているファンと仲良くなって「反省会」をして交流を深めるのも、一つの楽しみ方です。

03 文章を組み立てる

文を組み合わせる

　キーワードが文になったら、仕上げとなる組み立てを行います。これが完了すれば、最終形である「コンテンツ」という文章群の完成となります。文章のかたまりを自然な流れになるように組み立ててみましょう。

　巷にあふれる文章術やライティング手法では、先に設計図を作ることが推奨されています。しかし、本書では先に部品を集め、そこから設計図を作る方法をレクチャーします。その理由は、「設計図を書くことができないからライティングがはかどっていない」はずだからです。まだ全体が見渡せていないのに、**最初から設計図を書けというほうが無理**というものです。最初から完成形をイメージできる人であれば、ネタ探しやライティングで苦労することはないでしょう。

文を並べる順番

☐ Webライティングに「起承転結」は適さない

　文章構成の基本的な形、つまり設計図は、「起承転結」だといわれています。「起」は、物事のきっかけとなる事象、事実です。「承」は、「起」の事象についての説明や、それによる問題や推移を述べます。「転」は、「承」とは別の事象や、それまでの流れと違った展開を示します。「結」は、起承転すべてを関連づけて締めくくることです。

ただし、この起承転結がどんな文章の構成にも必ず当てはまるとは限りません。特にWebライティングに限れば、当てはまらないことのほうが多いといえます。なぜかというと、起承転結はストーリーなどの流れに沿って語ることには向いている文章構成ですが、ビジネスのように「結論」を大事にする場合や、あるいは必要な情報を素早く伝えるための文章には不向きだからです。

☐ 読者は答えを検索している

サイトの種類によって目的が違ってくるとはいえ、Webライティングではターゲットに結論を示す、つまり必要な情報を素早く伝えることが重要です。これも、ターゲットの立場を想定することで理解できます。

ターゲットである読者は、知りたいことがあるからインターネット検索をし、そこからコンテンツにたどり着きます。ここでターゲットが欲しいものはズバリ「答え」、結論です。そんなときに起承転結で書かれた、物事の最初のきっかけから順序立てて事細かく書かれた文章を読むでしょうか？ 大半の人は「そんなことはいいから、結論は何なの？」と思うはずです。

☐ Webライティングは結論が先

起承転結のように結論が最後にある文章構成では、ターゲットは途中離脱してしまい、Webでは読みにくいと感じる人まで出てきます。これはかなりのデメリットになります。また、「転」の部分（流れを変える）に該当する文章を書くことで、ターゲットが混乱して誤解を招くというデメリットが生じる可能性すらもあります。

Webコンテンツやビジネス文書では「先に結論を書く」 ことが必要なのです。設計図を書くよりも先にキーワードを書き出し、重要度が高いものから並べ替えた理由は「先に結論を書く」ためでもあります。

そうはいっても、根拠は不可欠

しかし、ただ結論を書いただけのWebコンテンツでは、ターゲットに十分な満足感を与えることはできません。確かにターゲットが最終的に求めているのは結論ですが、**潜在的にはその結論を納得するための材料も求めている**からです。

たとえばあなたがわからないことがあり、その答えを知っていると思われる人に尋ねたとします。その際に相手が結論だけ答えた場合と、結論とその理由をあわせて答えた場合、どちらの返答の結論が納得（あるいは理解）できるでしょうか。もし聞いた結論に納得がいかなくても、あきらかに後者のほうが印象よく感じるのではないでしょうか。

いちいち説明しなくても誰もがわかっているようなことなら、説明は不要だと思うかもしれません。しかしそれは、自分だけの勝手な思い込みである可能性があります。人はわからないから検索するのです。

文を組み合わせた例

前述のサッカーに関する文を組み合わせて一つのコンテンツにするなら、下記の順番（設計図）がよいでしょう。

起承転結の場合（Webではよくない）
①Jリーグ　　　②スタジアム　　　③サポーター
④観戦スタイル　⑤観戦の楽しさ

Webライティングの場合
①観戦の楽しさ　②サポーター　　　③観戦後

CASE STUDY ❷
日常風景からキーワードを探してみよう

ここでは実際にキーワードを書き出し、並べ替えからライティングまでやってみます。ネタは「日常風景」です。以下の日常風景の絵を見て、実際にキーワードを書き出してみてください。

例題）「日常風景」
　駅前の風景。改札近くで待ち合わせをしている女性がいる。また、駅前のベンチに座って本を読んでいる人もいる。子供達が走りながら改札に向かう。

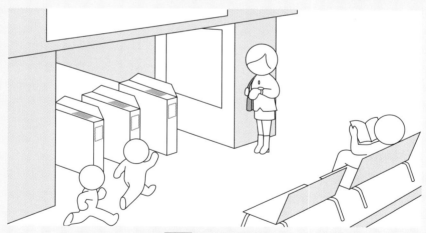

図2-3 ：日常風景の例

　この風景を見ると、以下のようなギモンが思い浮かぶはずです。そこから想定されるストーリーからキーワードを書き出せば、ライティングしやすくなります。

- 改札近くで待ち合わせをしている女性は、誰を待っているか？ その相手が来たら、何を話すだろうか。
- ベンチに座っている人の本は、どういう内容だろうか？ なぜ駅前のベンチで読んでいるのだろうか。
- なぜ、子供達は走って改札に向かうのだろう。電車に乗ってどこに出かけるのだろうか。

では、実際に10個の第1キーワードを書き出してください。次に、それに関係する第2キーワードを1個につき3個ずつ書き出してください。

第1キーワード	第2キーワード①	第2キーワード②	第2キーワード③
例）待ち合わせ	遅刻	電車	仕事

キーワードを伝えたい（重要だと考える）順番に並べ替え、下から順に見て必要ないと感じたキーワードは削除してください。

第1キーワード	第2キーワード①	第2キーワード②	第2キーワード③

それぞれのキーワードに肉付けして、文にしてください。

例）駅で待ち合わせをしている女性がいます。相手が遅れているのか、たびたび時計に目をやっています。仕事の約束なのか、かなり焦っている様子。電車が遅れているのでしょうか。

途中でキーワードが足りないと感じたら、いくらでも追加して構いません。ただし、必要以上にキーワードを書き出して、すべて盛り込めばいいのではありません。文章が冗長になってしまうと、結論やその理由が伝わりにくくなります。キーワードを削り、必要なことだけにフォーカスすることも立派なライティング方法です。

あとは、結論を先に述べ、そのあとに理由が来るように並べ替えれば文章の完成です。

| CHAPTER 2 | Webライティングの流れに沿って発想する

04 文章の型を決める（「共感型」と「問題解決型」）

文章の型を決める

　前のケーススタディで、ひとまず文章ができました。しかし、ここまでは書きたいこと（伝えたいこと）を書いただけです。ここからは、読者に響く文章にする方法を解説していきます。

　Webの文章には、大きく分けて2つの型があります。一つは「共感型」、もう一つは「問題解決型」です。この2つの型を意識することで、ターゲットのニーズを満たす文章になる可能性がぐっと高まります。特に問題解決型は、ターゲットのニーズをピンポイントでつかむ文章になるだけでなく、いまの検索エンジンに評価されやすくなるため、検索流入が増えやすい型であるといえます。

　この2つの視点を得ることで、1つのネタに対して発想が広がります。ネタ選びの際にも文章のイメージが湧くので、大きな助けになるでしょう。

共感型

☐ 共感型とは？

　共感型とは、その名のとおりターゲットの共感を得る文章のことをいいます。「あるあるネタ」や「日記」などが代表例で、事実そのものよりも、それを受けて（経験して）起きた感情について書かれた文章がこれに当たります。共感型の文章は、感情を言語化するものです。ターゲットの感情を満たすこ

とで、ニーズに応える文章であるといえます。

☐ メリット

共感型の文章は「私も同じことを思った」「その気持ちはよくわかる」など、ターゲットが同じ気持ちを抱いてくれることで、支持を得られます。PCに向かって書いていると意識が薄れがちですが、ターゲットはコンピューターではなく人であり、人は感情を持つ生き物です。人に行動を起こしてもらうには、心を動かさなくてはいけません。そんなときに有効に働く型です。

☐ デメリット

ただし共感型の文章は、感動はしても具体的な解決策がないため、一時的に感情を消費するだけになってしまう傾向があります。何度も繰り返して閲覧することも少ないため、ターゲットに強いインパクトを残せないと、その場限りで終わってしまう可能性も高いというデメリットが存在します。

問題解決型

☐ 問題解決型とは？

問題解決型と一言でいっても、色々な文章表現が存在します。内容も答えを用意するだけの文章ではなく、それに付随する情報の提供や、ターゲットが潜在意識下に抱えていたニーズも掘り起こし、それも解決するようなものもあります。

問題解決型の代表的な例はQ&Aサイトです。ターゲットが抱えている疑問や悩みを直接語ってくれるので、回答者も具体的な答えを提供できます。

☐ メリット

上記に挙げたQ&Aサイト以外でも、物販やサービスの申し込み獲得を目的としたECサイト、一般のオウンドメディアや個人のブログなど、さまざまなWebサイトは問題解決型のコンテンツにすることによって、検索流入

を増やすことができます。

また、**1つのコンテンツからさらに発展させて別のネタに広げる**こともあり、長期間にわたって読まれるコンテンツになる可能性も秘めています。たとえばECサイトなら「顧客の課題解決」という直接的な問題解決型のコンテンツだけでなく、「商品の選び方を説明する」「商品の新しい活用方法や機会を提案する」という間接的な問題解決型のコンテンツも用意できるでしょう（図2-4）。こうした**コンテンツを増やすことが、Webサイトにおける検索流入を増やすコツ**でもあり、ターゲットを絞って集客するコツでもあります。

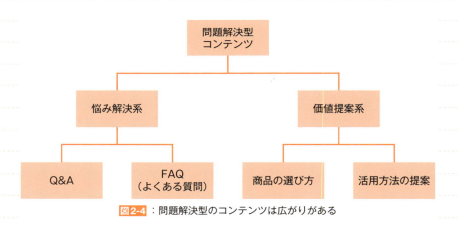

図2-4：問題解決型のコンテンツは広がりがある

☐ デメリット

メリットが多く見える問題解決型にもデメリットはあります。具体的になればなるほど専門的かつターゲットも絞られていくため、万人受けするコンテンツになりにくいのです。ターゲットが明確になるという意味では、問題解決型はとても優れていますが、まったく同じ悩みや疑問を持つ人は少ないので、非ターゲットもはっきりしてしまうのです。

目的によって型を決めよう

　共感型と問題解決型、どちらがよいのかはWebコンテンツの目的によって決めます。もちろん両方をバランスよく取り入れることもよいですし、共感させて問題解決するコンテンツを用意できれば、それが理想のライティングかもしれません。

CASE STUDY ③
恋愛ネタで「共感型」と「問題解決型」を書き分けよう

　共感型と問題解決型の文章の練習には、恋愛ネタが最適です。恋愛相談を受け、相談者のために解決策を必死に考えて提案したのに、相談者には全然響かなかった、むしろ「私の気持ちを理解していない」と否定された……そんな経験をしたことはありませんか。

　これは、共感型と問題解決型の違いです。相手は相談と言いつつも、「答えはすでに決めていて相談をする場合」と「どうしたらよいのかわからないので解決策が欲しい場合」の2種類があるのです。前者の場合は、「話を聞いて承認して欲しい」というのが相談者のニーズなので、いくら具体的な解決策を並べても満たされることはありません。逆に後者の場合は、「具体的なアドバイスが欲しい」というのが相談者のニーズなので、いくら「気持ちはわかるよ」と言っても満たされません。

　それぞれのニーズを満たすべく、以下の例題をもとに共感型と問題解決型の文章を作成してみてください。現実的な話を想像することで、いろいろなアイデアが膨らむはずです。

図2-5 ：例題のイメージ

例題） 恋愛相談

> 20代、女です。私は恋愛に臆病です。
>
> 自分からアピールすることはもちろん苦手で、相手からアピールされて、いいなと思っても、それにうまく乗れません。どうしても逃げ腰になってしまいます。傷つくのが怖いんだと思います。
>
> 相手のアピールに乗ったつもりが勘違いだった、となってしまうのが怖くて、無意識のうちに「傷つくくらいならこれ以上は近づかないように……」と距離を取ってしまっているのだと思います。
>
> そんなことを考えられなくなるくらい相手のことを好きになれたらいいのですが、そうなる前に自然消滅してしまうのです。もっと気軽に、積極的に恋愛できればどれだけ楽でしょう。
>
> 同じような悩みを過去に抱えて、克服された方はいますか？
> アドバイスをお願いします。

Q1. 上記の相談について、あなたなりの回答を「共感型」でライティングしてみてください。

回答例（共感型）

　私は男ですが、気持ちはよくわかります。誰だって振られるのは怖いです。いい雰囲気になっていると思っていたのに、相手はまったく何とも思っていなかった、ということがあったりして、とても恥ずかしい思いをしたこともあります。

　ほとんどの人は、恋愛に恐怖感を持っているはずです。真剣であればあるほど、失敗したときのダメージは大きいですが、そこまで悩まなくてもいいと思います。私はそういった感情も楽しむのが恋愛だと思います。

　それに、みんな傷つくことが怖いんだと思ったら、気が楽になりませんか。相手だって同じような経験をしているはずで、万が一勘違いだったとしても、ひどい扱いをする人はそういません。

そういった気持ちを持っているのは、相手の気持ちを理解するために
も大事なことなので、これからの恋愛はきっとうまくいくと思いますよ。

記入欄

Q2. 次に、「問題解決型」でライティングしてみてください。

回答例（問題解決型）

　その悩みを克服するためには、自分の気持ちを変える必要があります
が、これは簡単なことではないですよね。しかし、「恋に臆病」という話
はよく聞きます。その人たちがみんな悩みっぱなしということはなさそ
うなので、克服した人は多いのでしょう。
　きっと、ちょっと考え方を変えるだけなんだと思います。「恋愛するた
めに臆病を克服する」のではなく、「克服しないまま恋愛する」と考えて
みませんか。

食べ物で考えてみると、子供のころ嫌いだったものを克服した経験があるはずです。見るだけでゾッとしたものが、何かのきっかけで好物になることは珍しくありません。それはたいてい些細なきっかけで、友達が好物だったから一口もらってみた、お酒を飲んでいるときに挑戦してみた、というようなことではないでしょうか。

　恋愛も同じだと思います。いまは趣味を切り口に自治体や企業が合コンを開くなど、ハードルが低めの出会いの場が多く提供されています。避けてばかりではなく、「いまなら大丈夫かも」と一歩踏み出すことで、意外とうまくいくものですよ。

記入欄

　この方法は、ターゲットのニーズをくみ取る能力を磨くのに最適です。ぜひ、ほかの例でも考えてみてください。

| CHAPTER 2 | Webライティングの流れに沿って発想する

05 文章にリズムを与える

リズムを与えて読みやすさを工夫する

　この章の最初でも説明したとおり、ライティングの基本は「文章の内容を読者にしっかり伝えること」であり、どれほど価値のあることが書かれていても、読者に伝わらなければ意味がありません。しかし、それだけでは読みたくなるコンテンツには不十分なのも事実です。もう少し工夫を加えることで、さらに読みやすくすることができます。

　その方法の一つは文章にリズムを与えることです。悪い例を挙げましょう。マニュアルや学術論文を想像してみてください。これらの文章は淡々と綴られていてメリハリがないために、読み続けるのが苦痛に感じることがあります。

　これは文章よりも、スピーチで考えるとわかりやすいかもしれません。たとえば学生時代の全校集会。校長先生のスピーチがあまりにダラダラしていて退屈だった。社会人になってからも、手元にある資料をただ読むだけのプレゼンを聞いていて眠くなった。そのような経験をした人も多いのではないでしょうか。

　これらの文章やスピーチは、なぜ退屈なのか、なぜ苦痛なのか。それは、読ませる、あるいは聞かせる工夫としての「リズムがない」からです（題材が悪いこともありますが、それは別の話です）。

　初めは興味のない内容だったのに、ついつい最後まで読んでしまう、最後まで聞いてしまうこともあります。**人気のあるライターの書くコラムや、ラ**

ジオパーソナリティのトークなどに共通してあるものはリズムです。リズムがよければ読む側だけでなく、書く側にもプラスに働き、**よどみなく書き続けられる**効果があります。

文章にリズムをつける方法

☐ 句読点をうまく使い、長短の文を織り交ぜる

　長い文ばかりが続くと読者は疲れてしまいます。しかし、短い文ばかりでもリズムが単調になり、内容が頭に入らなくなりがちです。長文ばかりだと、見ただけで読みたくないという気持ちが先立ってしまいます。反対に短文ばかりだと箇条書きに近い印象を与え、内容が薄いという先入観を生み出してしまいます。

　これらを避けるためには、句読点をうまく使い、長短の文を織り交ぜましょう。句読点は長い文を読みやすくするだけでなく、理解を深める助けにもなります。また、句読点を入れることで視覚的にもリズムを生み出すので、読みやすくなるのです。

☐ 体言止め

　名詞や助詞で終わる文章を、体言止めといいます。少し前に書いた「たとえば学生時代の全校集会。」のような文のことです。文末が「です」で終わる文ばかりが続くとリズムが単調になってしまうので、体言止めをはさんで文末に変化をつけ、文章全体にリズム感を生み出します。体言止めに限らず、**文末に変化をつけることを意識して文章を綴るだけでも、読みやすさとリズムは大幅に改善**します。ぜひ意識してみてください。

☐ 話し言葉、疑問形の文章

　話し言葉や疑問形の文章で視覚的にも変化をつけることで、リズムを生み出すだけでなく、読者を惹きつける効果を狙います。筆者はこの方法をよく使うので、本書にも表れていると思います。

まず疑問を投げかけ、その次に説明を行うと、キャッチボールのようなリズムを生み出します。読者へ質問を投げかけるだけでなく、自問自答の形であっても、興味を喚起する効果があります。

音読して確認する

　文章を書き終えたら、必ず音読してリズムを確認しましょう。もし読みにくいところがあれば、そこはリズムの悪いところである可能性があります。上記のような方法を使って書き直してみてください。

　特に同じ言葉が重複していると、とてもリズムが悪くなります。なるべく同じ言葉を使わずに、違った表現にするなど工夫しましょう。

文章にリズムを与えるポイント
- 意味の区切りに句読点をつける
- 長すぎる文章は分ける
- 短い文章ばかりのときは、いくつかをつなげる
- 長めの文章と短めの文章はどちらも必要
- 体言止めなども活用し、文末の書き方を固定しないようにする
- 疑問形や話し言葉（「〜ですね」「なんで？と思ったら〜」など）を使い、読者を参加させる
- 書き終えたら音読して、リズムを確認

CASE STUDY ❹
経済ニュースをリズミカルにリライトしてみよう

　経済ニュースをリズミカルにリライトしてみましょう。特に公的なニュースは正確性が第一であり、読者に誤解のないように、かつ早く情報を提供することを意識してライティングされていますが、文章を読ませるためのリズムという点では欠けている部分もあります。以下の例文を、読者が読みやすいように書き直してみてください。

　ニュース記事のリライトは、Webコンテンツの定番でもあります。ネタに困ったら、堅いニュースをやわらかく解説してみるのも一つの方法です。

図2-6：例題のイメージ

例題）

※例題は架空のニュースです

> 　翔泳社は、オフィス向けに書籍をレンタルするオフィスブック事業と、食品を輸入販売するインポート事業を、8月1日付で全額出資子会社

05：文章にリズムを与える　105

として分社化すると発表した。両事業の2016年3月期の売上高は約10億円。

新会社は「SEオフィスコンフォート」(新宿区)で、約20人の社員が転籍する。分社化により、オフィスブックで築いたチャネルに食品を展開し、近年伸長を続けるオフィス向け定期宅配市場への進出を目指す。オフィスで書籍を読みながら飲食するためのコーヒーや菓子を提供するなど、新しいオフィス空間づくりを提案することで、事業拡大を狙う。

リライトした例

オフィス菓子に代表されるような、オフィス向けの定期宅配サービスが人気ですね。仕事の合間にほっと一息、よく利用している方も多いでしょう。

そんな中でも一風変わった「オフィスブック」というサービスを提供している翔泳社は、オフィス向けに書籍レンタルをするオフィスブック事業と、食品を輸入販売するインポート事業を、2016年8月1日付で全額出資子会社として分社化することを発表しました。新しい会社の名称は「SEオフィスコンフォート」(新宿区)。両事業を合わせた2016年3月期の売上高は約10億円で、約20人の社員が移籍するそうです。

今回の分社化の狙いは、オフィスブックを採用している企業にコーヒーやお菓子などの輸入食品を提供することで、事業の拡大を目指すためとのこと。オフィス向けに書籍をレンタルするのも面白いサービスですが、コーヒーやお菓子が加われば、さらに魅力的なオフィス空間を演出してくれそうですね。

上記のニュースを、リズムを意識しながらリライトしてください。

書き終えたら、元の文と、リライトしたものを誰かに読んでもらい、感想を聞いてみましょう。自分で読みやすいと思っても、ほかの人はそう感じないかもしれません。独りよがりにならないように気をつけてください。

CHAPTER 2　Webライティングの流れに沿って発想する

06 ストーリーを加える

当事者意識を持たせる

　文章の型やリズムを持たせるという方法以外にも、ターゲットを引き込む方法があります。それは**ターゲットに当事者意識を持たせる**ことです。これは共感型にも問題解決型にも利用できます。

　当事者意識を持たせるためには、ストーリーを加え、リアリティを持たせるようなライティングをします。ここでいうストーリーとは、創作のストーリーではありません。「経験談」と言い換えられるような類のものです。

　例として、新しい書籍を購入するときのことを考えてみます。もともと好きな作家の新刊のような場合は除き、だいたいは買う前に評判が気になると思います。ネット上のレビューや、著名人の書評などを判断の材料にするのではないでしょうか。他人の経験談は実際に起こったことであり、自分がその本を手にしたらどうなるかを、レビューや書評を通じて想像しているのです。また、このようにリアリティをもたせることで、ターゲットが継続して想像や検討をする可能性も高まります。

　ストーリーを加えることが書き手にとっていいのは、よほどのことでない限り、経験は誰でもできるという点です。商品やサービスを紹介するのが難しいと感じたときは、自分で利用してみれば、ほとんどの場合は解決します。話題のお店などは、気になっているけれど行けない、という人も多いです。そのようなところに積極的に出向くことで、ユーザーの欲しい情報はどんどん生み出せます。

ストーリーは「共感型」で「問題解決型」でもある

　事件などのニュースは、当事者意識を持たせやすいものです。たとえば児童待機問題。幼い子供を持つ親であれば、自分が関係していなくても身近に感じるニュースでしょう。こういったニュースに関連したコンテンツを作成する場合は、経験談がとても重宝されます。これはまさに問題解決型のコンテンツだといえます。クチコミサイトが増えている理由もここにあります。疑問や問題に直面したとき、あるいは自分が経験する前に、他人の経験談で補うことで、判断を間違えないようにしているのです。

　また、子育てでいえば、話すことで気持ちを楽にしたいだけの人もたくさんいます。これは共感型のコンテンツになるでしょう。特に問題を抱えてはいなくても、同じ気持ちの人や、自分に似ている人を探すためにサイトを利用する人もいます。

　ただ事実を述べているだけのライティングでは集客はできません。**ストーリーを加え、リアリティを持たせる**。これをしっかり意識すれば、おのずと共感型も問題解決型も上達していくでしょう。

CASE STUDY 5

文章の中に自分を登場させよう

　ストーリーを既存の文章に加える練習として、ニュースに自分を登場させてみましょう。ストーリーといっても難しく考えすぎないでください。直接の経験がなくても、ニュースに付随する自分のエピソード（感想や意見など）で構いません。

図2-7：例題のイメージ

例題）

※例題は架空のニュースです

> 　業績不振にあえぐSEハンバーガーでは、店舗閉鎖を伴ったリストラが本格化している。第一弾として、月末までに大型店も含め全国で20店、最終的には100店を閉店する計画。店舗数は、現在から約20%減少することになる。閉めた店舗の周辺や跡地にライバル店が進出するケースも予想され、SEハンバーガーを取り巻く状況は厳しい。

業績悪化の一途をたどる同社に対し、米国本社は役員級の人事を近日中に発表する。本国で堅調な経営を続けるノウハウを吸収して復活の道筋を探るが、「現在の社長も米国から来た人物。同様の手法で成果が出るかは疑わしい」（SE証券シニアアナリスト）といった声も少なくない。

筆者を登場させた例

　故郷の長年愛されていた店舗も閉鎖してしまいます。

　業績不振にあえぐSEハンバーガーで、店舗の閉鎖を伴うリストラが本格化しています。最終的には全国で100店を閉める計画で、その中には私がかつて通った店舗「小倉店」も……。

　私が高校生のとき、小倉店は本当によく利用しました。3階建ての比較的大きな店舗でありながら、早朝から深夜まで学生や会社員でにぎわっていました。友人と食事をしながらおしゃべりをして過ごす場所としてとても居心地がよく、また学生時代の私にとっては、リーズナブルな価格であることも魅力でした。しかし、最近はあまり繁盛していなかったらしく、数年前に24時間営業を取りやめていたようです。

　小倉店の跡地には競合のハンバーガー店が進出するそうで、こういった動きはほかのところでも起きるとの予想がされています。きっと私のように、青春を過ごした場所が消えていく寂しさを感じる人がたくさんいるのでしょうね。来週に帰郷する予定なので、閉店の前にもう一度訪れようと考えています。

上記のニュースに自分を登場させた文章を書いてください。

　実際の経験はもちろん、悩みやその解決方法も具体的に書くことができればリアリティは増します。普通の人でも、意外といろいろな経験をしたり、無意識に感想を抱いたりしているものです。何かを見たとき、「これについて私は何を思ったかな」と意識してみるだけで、アイデアの発想につながるでしょう。

CASE STUDY 6

Chapter2の
ネタ出しクエスチョン

本章の内容から、以下の質問に答えてみましょう。

期間を空けて何度も考え直して、ライティングの幅を広げるきっかけにしてください。

Q1. あなたが「難しい」と感じたWebコンテンツや書籍は何ですか？ また、なぜ難しいと感じましたか？

```
















```

Q2. Chapter2の文章のどこでもよいので、10個のキーワードにバラしてみてください。

```














```

Q3. あなたが人に共感を求めたいことと、解決したい悩みは何ですか？

Q4. 文章を読みやすくする、またはリズムを与えるための自分なりの工夫を挙げてください。

Q5. あなたのとっておきのストーリー（エピソード）を教えてください。

見た目の読みやすさを工夫する

フォントの工夫

　一般的に、フォントは「明朝体」か「ゴシック体」のどちらかが採用されることが多いです（図2-8）。新聞や本では見出しがゴシックで、本文が明朝体ということが多く（本書もそうです）、読者にとっては視覚的にも判別しやすいので読みやすくなります。ただし、特別な意図（ブランディングなど）がない場合は、ゴシック体に統一する方が無難です。明朝体の繊細な「はね」や「はらい」は美しい反面、PCやスマートフォンの画面では読みにくくなる可能性があります。

　また、文字に変化をつける（色や大きさを変える）ことでも工夫できます。文字を赤にしたり太字にしたりすれば、要点や注意するべきことが書かれていると読者に気づいてもらいやすくなります。

　逆に、文字の色を薄くしたり小さくしたりすることで、そこは読み飛ばしても構わないぐらいの位置づけということを知らせることができます（本書では注釈がそれにあたります）。

明朝体（MS P明朝）

明朝体（小塚明朝Pro R）

ゴシック体（MS Pゴシック）

ゴシック体（小塚ゴシックPro R）

図2-8：明朝体とゴシック体の例

レイアウトの工夫

　レイアウトの工夫とは、文章の書き出しを一文字下げることや、段落や節が変わるときは一行空けるような方法です。また、箇条書きも近い効果があります。視覚的に圧迫感を与えないので、うまく使い分けてみてください。

　また、フォントに変化をつけることもあわせて行うとさらに読みやすく、認識しやすい文章となりますので、一緒に工夫してみてください。

> CHAPTER 3

コンテンツの位置づけからアイデアを固める

CASE STUDY1 コンテンツのポジショニングマップを描こう
01 紹介文（商品やサービスの売り込み）の考え方
CASE STUDY2 カタログ情報を「共感型」の紹介文にしてみよう
CASE STUDY3 カタログ情報を「問題解決型」の紹介文にしてみよう
02 イベントやキャンペーン周知の考え方
03 企業イメージ向上（ブランディング）の考え方
CASE STUDY4 自分の長所を「共感型」で書いてみよう
CASE STUDY5 自分の長所を「問題解決型」で書いてみよう
CASE STUDY6 Chapter3のネタ出しクエスチョン

WEB WRITING IDEA NOTE

CASE STUDY 1
コンテンツのポジショニングマップを描こう

　イントロダクションでは、ポジショニングマップを使って自分のサイトがどこに分類されるかを考えてみました。ここではコンテンツページのポジショニングマップについて考えてみます。

　気をつけなければならないのは、サイトとコンテンツではポジションが違うということです。どちらも最終目標は共通ですが、コンテンツページの種類によっても、背負う役割は違ってきます。たとえるなら、企業がサイトであり、社員がコンテンツといったところです。部署はコンテンツを分類するカテゴリーといえるでしょう。

　また、サイトのポジショニングマップのときと同様に、他サイトと自サイトのコンテンツページを比較することで、自分のコンテンツの特徴や強みを見つけることにもつながり、差別化のヒントになります。

　図3-1 は、コンテンツページのジャンルを分類したポジショニングマップです。

　これを参考に、ポジショニングマップを 図3-2 に記入してみてください。具体的なコンテンツページ名を挙げてみると、イメージがつきやすいと思います。ページの種類によってマッピングされる場所も大きく変わるので、自分のコンテンツページだけ並べてみても発見があるかもしれません。

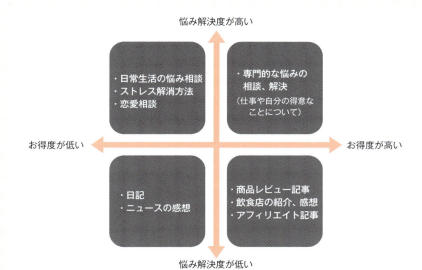

図3-1：コンテンツページのポジショニングマップの例

コンテンツページのポジショニングマップを記入してください。

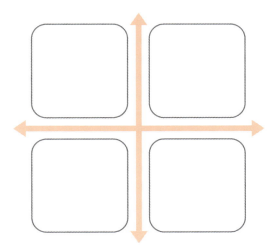

図3-2：コンテンツページのポジショニングマップ

| CHAPTER 3 | コンテンツの位置づけからアイデアを固める |

01 紹介文（商品やサービスの売り込み）の考え方

丁寧で理解しやすい文章を

　紹介文とは読んで字のごとく、商品やサービス、人などを紹介するための文章です。それを知らない人に伝えることが前提なので、丁寧かつ理解しやすいように組み立てた文章であることが大切です。うまくイメージができない人は、自己紹介を考えてみてください。初めて会う人に「自分はどういう人間なのか」を説明するときと同じ考え方をしてみましょう。自分を構成する要素を、どうやって説明していきますか？

　特に商品やサービスを紹介するときは、就職の面接を想定するとよいでしょう。名前、年齢、学歴、趣味、性格などの基本的な情報に加え、志望動機、入社後にやりたいこと、特技、資格などをアピールするはずです。これを、自社の商品やサービスに置き換えて考えてみてください。

商品やサービスを紹介する

　Webライティングにおける紹介文といえば、商品やサービスを紹介（売り込み）するものです。これはオウンドメディアを運営する目的とも密接で、その目的を達成するためのコンテンツでもあります。

　ユーザーに商品購入、あるいはサービス申し込みをしてもらうには、強みや魅力を伝える必要があります。それは値段の安さかもしれませんし、商品やサービスのスペックかもしれません。もしくは利用することによるメリッ

トや使用感、ライバル商品と比べたときの優位性などもあるでしょう。特にいまはあらゆる商品、サービスの「比較サイト」（図3-3）が多く存在し、アクセスを集めています。

図3-3：比較サイトの例（価格.com）　URL http://kakaku.com/

紹介文を「共感型」と「問題解決型」で書いてみる

　紹介文を書くにあたり、まずは文章の型を決めます。基本となる型は、Chapter2で説明した「共感型」と「問題解決型」です。共感型の紹介文では、商品やサービスを使うことで得られる**メリットや使用感**を伝えます。ECサイトにあるレビューをイメージすればわかりやすいでしょう。問題解決型の紹介文は、潜在意識も含めてユーザーが抱えている問題や疑問を解消するもので、たとえば**スペックや使い方**などです。マニュアルを書くようなイメージです。

　よく勘違いしてしまうのは、メリットやスペックを伝えたいあまりに「自慢話」になってしまうことです。これはまったくの逆効果です。自社の商品やサービスをアピールすることが目的ではありますが、そればかり書いてある記事はつまらないということも、しっかり意識しておいてください。

CASE STUDY ❷
カタログ情報を「共感型」の紹介文にしてみよう

　ここでは商品カタログを「共感型」の紹介文に書き換えてみます。まずいくつか例題を挙げ、「共感型」に書き換えた回答例を示します。それを参考に、課題について「共感型」の文章に書き換えてみてください。

図3-4：例のイメージ

例1）自動車

●カタログ情報

燃費　　：平均25 km/L

駆動方式：FR（フロントエンジン、後輪駆動）

排気量　：3000cc

車種　　：ワゴン車

料金　　：希望小売価格 200万円

備考　　：幅の広い収納スペース、現車両の下取りも行っている、ハイブリッド車

このカタログ情報を「共感型」の文章でライティングすると以下のようになります（カタログ情報は一部のみ使用）。

> 車内が広くて、荷物もいっぱい積むことができる――家族の笑顔を考えるなら、こんなクルマがあったらいいですね。
>
> 週末にファミリーで出かけることを考えれば、車内が広くてゆったりとしていることは必須です。子供はずっと大人しく座っていることのほうが珍しく、せまい車内で動き回ると、運転の邪魔になるかもしれません。楽しいはずの家族旅行で事故を起こしてしまうのは、絶対に避けたいものです。
>
> 家族の荷物をしっかり積める必要もあるでしょう。着替えだけでもかなりの量になり、ほかにレジャー用品を積むことを考えれば、かなりの余裕がほしいところ。
>
> そんな要望を叶えるクルマ、○○（自動車名）が登場。
>
> 新設計により、前モデル比で140％の車内空間を確保。ひろびろとした快適空間で、子供が足を伸ばしても前のシートを蹴飛ばしません。大容量の荷台は、後部座席のシートを倒せば、もっとたくさんの荷物を積むことができます。
>
> ○○で快適なファミリーライフを満喫してみませんか？

上記のカタログ情報を参考に、自分なりに共感型のライティングをしてみてください。

CASE STUDY ❸

カタログ情報を「問題解決型」の紹介文にしてみよう

次に、カタログ情報を「問題解決型」の紹介文に書き換えてみます。共感型のときと同様に、例を参考にしてライティングしてみてください。

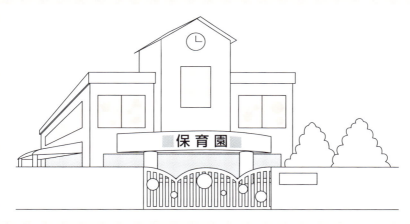

図3-5：例のイメージ

例）保育園

●カタログ情報

場所	：墨東（墨田区、江東区など）地域
サービス	：警備スタッフが常駐
授業の特色	：英語教室や、プロのスポーツコーチの教室も開催
園児の数	：約100名
スタッフの数	：25名
開設	：2010年（建物、設備は新品同様）

このカタログ情報を「問題解決型」の文章でライティングすると以下のようになります（カタログ情報は一部のみ使用）。

> はじめての保育園選び。何を基準に考えればよいのか、お悩みの方は多いと思います。
>
> やはり一番大切なことは、防犯がしっかりしていて、安全面で優れていることでしょうか。ほかにも、幼い頃から多くの子と交流することで、コミュニケーション能力を伸ばし、人としての成長を促すことができる環境であることも大事です。「欲をいえば、情操教育のためにいろいろなことを学ばせてあげたい」と思う親御さんも多いことでしょう。
>
> そんなお子さん想いのパパママにぴったりなのが、当保育園です。専属の警備員が在籍し、園児たちをしっかり見守ります。昨年には、拡張工事および保育士の増員を行いました。今年度は園児の数も100人を超え、園内には元気な声があふれています。
>
> 英語スキルのある保育士も複数在籍しており、週に2回の英語教室を開催。グローバル化が進む中で、これから活躍する人を育てるため、当園が特に力を入れていることです。
>
> 安全・快適な環境で、お子様がすくすく育ちます。新年度の募集は来月に開始しますので、ご応募をお待ちしております。

上記のカタログ情報を参考に、自分なりに問題解決型のライティングをしてみてください。

| CHAPTER 3 | コンテンツの位置づけからアイデアを固める |

02 イベントやキャンペーン周知の考え方

伝えるべき情報を絞って正確に

　イベントやキャンペーンを周知する文章、いわゆる告知文において重要なことは、**伝えるべき情報を絞って正確に伝える**ということです。開催日時は当然として、イベントなら開催概要や開催場所、参加ゲストなどは、必ず伝えるべき情報です。キャンペーンなら割引価格や特典、参加条件などは外せません。

　伝えるべき情報を絞らなければいけない理由は、告知文や宣伝文にあまり関係のない、別のことが書かれた文章が混ざってしまうと、情報が正確に伝わらないだけでなく、読者の誤解を招くどころか、混乱すら与えかねません。**イベントやキャンペーンの告知に、「迷い」は大敵**です。ターゲットがひとたび参加意欲を失ってしまうと、再び興味を持ってもらうのは非常に困難です。

　ただし、参加の後押しになるような参考情報なら、一緒に掲載することで効果的に働きます。どうしても伝えたい情報量が多くなってしまうときは、関連ページに誘導させるなどして、告知文そのものはシンプルに仕上げましょう。

箇条書きをうまく利用する

　情報を的確に読者へ伝えたいときは、箇条書きをうまく利用します。たとえば、「2016年6月6日の朝10時に、越後屋書店新宿店で『文章力を鍛えるWebライティングのネタ出しノート』の刊行記念イベントを著者の敷田憲司

を招いて行います。」と一つの文章にまとめて書いてしまうよりは、以下のように箇条書きにして書くほうが読みやすく、正確に伝わります。

> イベント名：『文章力を鍛えるWebライティングのネタ出しノート』刊行記念イベント
> 日時：2016年6月6日　AM 10:00
> 場所：越後屋書店新宿店
> 参加者：敷田憲司（『文章力を鍛えるWebライティングのネタ出しノート』著者）
> 詳細は特設サイトで→http://xxxxx.xxx/xxxx

また、箇条書きにするだけでなく、文字のフォントに変化をつける（文字の色、大きさ、太さを変える）のも方法の一つです。

キャッチコピーを使う

簡潔な文がよいとはいえ、告知文には参加意欲をかきたてるフレーズも必要です。そんなとき有効なのがキャッチコピーです。短い文で人を惹きつけるのは容易ではありませんが、ぜひ身につけておきたいスキルです。詳しくは専門的な書籍を参照してほしいですが、よくある方法論としては以下のようなものがあります。

- ターゲットを明記する（新社会人のみなさんへ、○○でお悩みのあなた…など）
- 結果や利益をイメージさせる（定時で帰れる仕事術、部屋が片づく簡単テク…など）
- 感覚的なフレーズを入れる（サクッとわかる、心がすーっと落ち着く…など）

CHAPTER 3　　コンテンツの位置づけからアイデアを固める

03 企業イメージ向上（ブランディング）の考え方

イメージ向上の文章とは？

☐ **特徴、個性、強み**

　イメージ向上（ブランディング）の文章とは、簡単にいうと特徴や個性、強みを表す文章です。特に企業などのオウンドメディアにおいては、他社と比較したときに優れている点が特徴や個性、強みになります。商品、サービスの質はもちろん、価格やメンテナンス（アフターサービス）などに強みがあれば、それは特徴といえます。他社にないものを提供することができれば、それは立派な個性になるのです。

　他社との比較を数値データなどに落とし込んで説明をするのは定番ですし、具体例を明示することで、読者が理解しやすく、イメージもつきやすくなります。これはブランディング目的の文章においては大切な考え方です。

　もしイメージがつきにくければ、相手に自分の長所を伝えるときのことを考えてください。ある大会で優勝した、賞を受けた、資格を取得しているなど、具体的な成果や実績を挙げて説明することが思いつきますが、企業でも同じような考え方でアピールすることができ、ブランディングにつながります。

　また、商品やサービスのように形として表しやすいものとは違いますが、**寄付や奉仕活動などの「行動」も、特徴や個性になる**ものです。これらの社会貢献活動は、その意思や思想もブランディングにつながります。

□ **脚色は危険**

　ここで一つ気をつけなければいけないことがあります。それは、イメージ向上の文章を書くときに「過度に脚色してしまわないこと」です。よいイメージを与えるための文章が嘘だと思われてしまうと、最悪のイメージダウンを引き起こします。長年積み上げてきた信頼を、たった一つの行き過ぎた行為で失ってしまうのは企業でも人でもよくあることです。

企業イメージ向上のための文章を「共感型」と「問題解決型」で書いてみる

　ブランディングについても、まずは文章の型を決めましょう。共感型の場合は、読者の心を動かす、大げさにいえば感動するような文章にすることでイメージを向上させます。問題解決型では、具体的なデータを明示し、問題解決への説得力を与えることでブランディングを実現します。

　次のケーススタディでは、自分の長所をネタにしてライティングします。いきなり自分の意思や思想を考えて伝えるのは大変なので、自分でもイメージしやすい具体的な能力や成果を文章にしながら、仕事に応用できないか考えてみてください。

CASE STUDY 4
自分の長所を「共感型」で書いてみよう

　自分の長所を「共感型」の文章にして、自分をブランディングしてみます。いくつか例題を挙げ、回答例を示します。それを参考にして、自分の長所についてライティングしてください。長所は人それぞれなので、先に書き出してください。そして、それらを読み手に共感してもらえるよう、工夫してライティングしましょう。また、自分のエピソードは膨らませやすいと思うので、ある程度の文章量を書く練習もしてみてください。

図3-6：例1のイメージ

例1）字がきれい（毛筆楷書七段）

　私は小学3年生から6年生までの4年間、週に2回の習字教室に通っていました。習字を始めたきっかけは、母の「字が汚いと大人になってから恥をかく」という言葉でした。幼心ながらに「確かにそのとおりかもしれない」と納得したことをいまでも覚えています。そのころは、まさかこんなにもコンピュータが発展し、キーボードや画面タップでの文字入力が主流になるとは思いませんでしたが。

　いざ習い始めると、自分でもだんだん上達していることに気がつき、さらにのめり込んでいきました。中学生になると同時に習字教室を辞めたのですが、そのころには毛筆楷書七段になるまで上達し、「ノートや答案の字がきれいだ」と友人や先生にたびたびほめられ、その腕を買われて代筆を頼まれることもありました。

　この長所は、もっと歳を重ねたときに評価されることになります。それは、就職活動における履歴書やエントリーシートを手書きで提出したときです。いまでこそPCで作成したものや、電子データでの提出も珍しくありませんが、当時は否が応でも手書きするしかありませんでした。しかし、私にとってそれはメリットでした。文字がきれいなことで印象をよくするだけでなく、長所の欄に書いた「書道」にも説得力が生まれることになるからです。実際に多くの面接官にほめられ、見事アピールすることができました。

　いまでは、母の「字が汚いと大人になってから恥をかく」という言葉は、裏を返せば「字がきれいだと大人になってから得をする」という意味でもあるのだな、と感じています。

TEAM	1	2	3	4	5	6	7	8	9	10	R	H	E
● 営業部	1	5	0	1	1	0	0	0	0		8	13	1
● 制作部	0	0	0	0	0	0	0	0	9		9	10	2

図3-7：例2のイメージ

例2）負けず嫌い

　私はスポーツが大好きです。一番好きなのはサッカーですが、ジョギングも大好きで、過去にはフルマラソンやハーフマラソンにも出場し、初出場のときも完走を果たしました。しかし以前はあまり好きではありませんでした。友人がサッカーをするなら一緒にやる。それくらいの気持ちしかありませんでした。

　しかし、体力は人並み以上にあるのか、学生時代のマラソン大会では運動部員たちよりも好成績を収めたこともありました。それでも、陸上部などには入りませんでした。好きでやっているというわけではなかったからです。

　ところが最近になって、これは体力があるというよりも私の性格に依存するものではないかと考えるようになりました。私は根っからの負けず嫌いで、いま思えばそれが「スポーツ好き」にさせた瞬間がありました。それは、就職をしてすぐに会社の人たちで行った草野球です。

　楽しみながら交流を深めるという名目で行われた大会でしたが、回が進むにつれて大差で負けていることが悔しくなり、「やるからには勝ちに行こう」と自らが進んでチーム全員を鼓舞したところ、大逆転劇によって見事に勝ちを収めました。「絶対に負けたくない」という思いがチームメイトと一緒に大きな喜びに変わったこの経験が、私をスポーツ好きにしたのでしょう。それからは、積極的にスポーツをするようになりました。

これはスポーツに限った話ではないとも考えています。勉強であれ仕事であれ、最初から好きだという人のほうが少ないようにも思えます。もちろん、いくらやっても好きになれないこともあるでしょう。個人的には、どうしても好きになれないことはなるべく早いタイミングで辞めてしまって、違うことに時間を使うほうがよいと考えていますが、それは辞める前に自分がどれだけのことをしたかにもよります。

　一番いけないのは、続けるにしても辞めるにしても、中途半端にやってしまうことです。辞めるにしても「自分なりにやることはやったうえでの結論であるのか」をしっかりと自問自答することにしています。少しでもやり残したなと感じるなら、もう少し続けてみる。これを繰り返してきたことで乗り越えた壁がいくつもあります。

自分の長所

「共感型」のライティング

CASE STUDY ⑤
自分の長所を「問題解決型」で書いてみよう

　続いて、長所を「問題解決型」の文章にしてみましょう。ここでは共感型で書いたエピソードをもとに、誰かの問題を解決することを考えます。読者の問題を仮定し、自分の長所を参考に解決することを目的として、ライティングしてみてください。

例1）字がきれい（毛筆楷書七段）

> 　字が汚いと大人になって恥をかく。これは私が母に言われたことです。恥といわないまでも、字を書くことに苦手意識を持っている人は多いのではないでしょうか。たとえば、就職活動で履歴書やエントリーシートを書くとき。いまでこそPCで作成したものを提出する機会が増えていますが、そんな時代だからこそ、手書きの字がきれいだと長所にさえなります。
>
> 　私は小学校3年生から6年生までの4年間、週に2回の習字教室に通っていて、毛筆楷書七段を持っています。習い始めたきっかけは、冒頭の母の言葉です。私が就職活動をしていたころは手書きで履歴書を書くのが当たり前だったので、その長所を存分に生かすことができました。字のきれいさをアピールすると同時に、長所の欄に書いた「書道」にも説得力が生まれました。
>
> 　もし、公の場で文字を書くことに気後れしているのなら、いまからでもボールペン習字などを習ってみるのはいかがでしょうか。「習うのに遅すぎることはない」とはよくいわれる言葉ですが、そのとおりだと思います。小学生でも毛筆楷書七段を取れるのですから、大人がきちんと習えば、きっとすぐ上達するはずです。

例２）負けず嫌い

　どうも最近仕事にやる気が出ない……。苦手な仕事ばかりまわってきてつらい……。これは多くのビジネスパーソンが抱える持病のようなものかもしれません。しかしそんなときは、荒療治ですが「もう少しがんばってみる」ということが、結局は効果的です。

　いきなり話が変わりますが、私はスポーツが大好きです。一番好きなのはサッカーですが、ジョギングも大好きで、過去にはフルマラソンやハーフマラソンにも出場し、初出場のときも完走を果たしました。しかし以前はあまり好きではありませんでした。友人がサッカーをするなら一緒にやる。それくらいの気持ちしかありませんでした。

　しかし、体力は人並み以上にあるのか、学生時代のマラソン大会では運動部員たちよりも好成績を収めたこともありました。それでも、陸上部などには入りませんでした。好きでやっているというわけではなかったからです。

　ところが最近になって、これは体力があるというよりも私の性格に依存するものではないかと考えるようになりました。私は根っからの負けず嫌いで、いま思えばそれが「スポーツ好き」にさせた瞬間がありました。それは、就職をしてすぐに会社の人たちで行った草野球です。

　楽しみながら交流を深めるという名目で行われた大会でしたが、回が進むにつれて大差で負けていることが悔しくなり、「やるからには勝ちに行こう」と自らが進んでチーム全員を鼓舞したところ、大逆転劇によって見事に勝ちを収めました。「絶対に負けたくない」という思いがチームメイトと一緒に大きな喜びに変わったこの経験が、私をスポーツ好きにしたのでしょう。それからは、積極的にスポーツをするようになりました。

　仕事に対しても、このような気持ちを持ってみると、うまくいくことがあります。「こんなことで悩んではいられない。やるからにはやってやる」と考えると、閉塞感から抜け出せることがあります。スポーツであ

れ仕事であれ、最初から好きだという人ばかりではありません。もちろん、いくらやっても好きになれないこともあるでしょう。辞めることも一つの選択肢ではありますが、一番いけないのは、中途半端に終えてしまうことです。辞めるにしても「自分なりにやることはやったうえでの結論であるのか」をしっかりと自問自答してからにしてください。少しでもやり残したなと感じるなら、もう少し続けてみる。これを繰り返すことで、乗り越えられる壁はたくさんあります。

自分の長所

「問題解決型」のライティング

CASE STUDY ❻

Chapter3の
ネタ出しクエスチョン

本章の内容から、以下の質問に答えてみましょう。

期間を空けて何度も考え直して、ライティングの幅を広げるきっかけにしてください。

Q1. いま自分が欲しい商品をWeb検索してください。一番参考になった情報は、共感型と問題解決型のどちらですか？

Q2. 出前のメニューと、そのWebサイトを見比べて、特徴を書き出してください（宅配商品はどちらも非常に工夫されています）。

Q3. あなたが信頼している企業やブランドのWebサイトを見てください。どこに共感しますか？

ガイドラインの作り方

ガイドラインを作成して複数の人で運営する

　たった一人でライティングを行い、サイトの更新や、SNSアカウントの運営をする場合もあれば、複数の人でこれらを実施する場合もあるでしょう。後者の場合は、複数のライターがいることをサイト内で明言し、記事ごとに名前を掲載すればよいですが、SNSの「公式アカウント」では、一つのアカウントを担当者全員で使うことが多いと思います。

　複数の人で運営をする際は、明確なガイドラインが必要です。各自が勝手にサイトやアカウントを更新してしまうと収拾がつかなくなり、ユーザーの混乱を招くことになります。また、一人で運営していたとしても、担当者が変わることでいままで築きあげたサイトやSNSアカウントの雰囲気やテイストががらりと変わってしまうことも珍しくありません。これでは、既存のファン離れを引き起こしてしまう可能性があります。

　事前に「中の人」が変わると告知するなどの方法もありますが、ユーザーにとってみれば「中の人」が変わるということは、いままでの関係性がリセットされるようなものなので、求心力をかなり下げることになるでしょう。

　これを避けるためには、携わる人全員の意思統一を行う意味も込めて、運営するうえでのガイドラインを作成することが望ましいです。できることならガイドラインは方針だけでなく、具体的な方法まで決まっていると、なおよいでしょう。

　ユーザーから質問を受けた場合はどうすればよいのか、返答するならどういった答えを返せばよいのか、といったことが決まっていれば、担当者が変わってもユーザーが違和感を覚えることはなく、また業務もスムーズに進みます。

ガイドラインの例

　初めてガイドラインを作るときは、どうやって方針を決めたらよいかわからないかもしれません。以下にSNSのガイドラインの例を挙げるので、参考にして自社の運用に応用してください。

- 運用目的
    オウンドメディアの更新情報、業界に関するニュースや雑学、ユーザーからの問い合わせに関する情報などの発信

- 利用するSNS
    Twitter、Facebook

- 更新頻度
    営業日の朝の10時に1回、以降は個人の業務状況によって数回以内で追加
    月曜：オウンドメディアの更新情報
    火、水曜：業務に関するニュースや雑学
    木、金曜：ユーザーからの質問や問い合わせに関しての情報

- ユーザーへの対応
    基本的に問い合わせには返信する。ただし、お礼や同意だけのコメントについては「いいね！」を返すだけの対応とする。また、問い合わせ内容がほかのユーザーにも有益な情報なら返事に加え、シェアで情報共有を行う。荒らし（誹謗中傷）は無視（ただし、当方に非がないにもかかわらずブランドイメージの低下につながる恐れがある場合は注意を行い、相手が発言の削除などを行わない場合は然るべき措置を取る）。

キャラクター（人格）の設定

　SNSのように一つのアカウントを複数人で利用している場合は、ガイドラインよりも、アカウントそのものを一人のキャラクターとして設定すると、運営が容易になります。キャラクターは人でなくても結構です。仮想のキャラクターを作り出せば、運営する側としても楽しいでしょう。

　アカウント名を始め、性別、年齢、性格も決めておき、語尾に必ず「〜なのねん」「〜なり」をつけるなど、言葉使いを設定してみても個性になるのでいいでしょう。アイコンをキャラクターの絵にするのも忘れずに。

　例えば、以下のように設定します。

> 例）
> 名前：サイト名をもじったもの
> 性別：女性
> 年齢：永遠の17歳
> 性格：おっとりして落ち着いている。たまに焦ってミスをするドジっ子
> 語尾：「〜なのねん」とつける
> 備考：年齢のわりにもの知り（脳内年齢は30代後半）。でも容姿は17歳。恋人はおらず、フォロワーののろけ話を聞かされるとやさぐれる。

　ただし、SNSは節度を持って運用することも大切です。企業のオウンドメディアの公式アカウントなのに、あまりにくだけすぎた言葉使いや、倫理的に微妙な話題に触れてしまうと、炎上の可能性が高まります。SNSについては、Chapter4で詳しく解説します。

炎上を避けるには

PVを集めることを目的にしない

　サイトを運営していると、どうしてもPV数は気になってしまうものです。Webライティングを行い、コンテンツとして世の中に公開するのですから、できる限り多くの人に読んでもらいたいという気持ちになるのは当然です。PVが右肩上がりで増えていけば、サイトを更新する励みにもなります。

　しかし、サイトを公開して間もないときのPVは微々たるものです。また、運営を続けていればPVが伸びなくなる時期がどんなサイトでも必ずやってきます。それでも目的を見失わずに運営を続けていければよいのですが、どうしても目に見える結果が欲しくなってしまい、「PVをいかに増やすか」が目的に変わってしまうことがあります。

過激なことを書いて炎上する

　PVを集めることが目的になってしまうと、注目を浴びるために手段を選ばなくなっていきます。奇抜なことを書き始めたり、世間一般の逆の意見を主張（逆張り）したりすることで、目立とうとする傾向があります。こういった意見は確かに目立ちますが、それが悪いほうに働きやすく、インターネット上では「炎上」が生まれるきっかけとなります。

著作権侵害をして炎上する

　また、人気のあるほかのメディアの記事や画像、音声などの著作物を使用してPVを集めようとする行為に走ってしまう人もいます。当然ながら無断利用は違法です。特に、個人のブログでマンガやアニメの画像を無断で掲載している記事を多く見かけます。

　最近では、企業が運営しているサイトでもこういった記事や画像を無断利用してしまい、権利者よりもサイトユーザーが先に見つけて拡散され、炎上するケースが出てきています。2014年にはかなりの知名度のあるライフス

タイル情報サイトに指摘が相次ぎ、問題化したケースがありました。
　人気コンテンツの盗用ではなくても、PVを積み上げるために記事を量産しようとすると、残念ながらコピーコンテンツを作ってしまう人がいます。一からコンテンツを作るのは人的・金銭的コストがかかるのでコピー＆ペーストで済ませる、という安易な考えで自ら手を染めてしまう人もいれば、安い金額で外注ライターから記事をかき集めたらコピーだった、というような場合もあります。外注先がやったことでも、確認もせず掲載したサイトにも責任は発生します。謝罪だけで済めばよいですが、サイトの閉鎖や商品の販売中止に追い込まれる可能性も十分あります。

Webでよくある著作権侵害行為
- ほかの記事をコピーし、タイトルや冒頭だけ書き換える
- 書籍などの引用元を明記せず、自分の発言のように見せる
- 他サイトの無料素材などを無断で自分のサイトからダウンロードできるようにする
- マンガの1コマや、他人の撮影した写真を無断でイメージ画像にする
- 素材サイトから取得したイラストを自社のイメージキャラクターにする

炎上を避けるにはどうすればよいか

　炎上を防ぐには、公開前になるべく多くの人の目で確認することが効果的です。自分では特に意識して書いていなかったとしても、他人から見ると過激に映るかもしれません。自分の知らない、微妙な話題（マイノリティなど）に触れている場合もないとはいえません。担当者が自分一人で複数人のチェックが無理だったら、私見が入らないようになるべく冷静かつフラットな目線でコンテンツを何度も確認してください。

　PVを気にしないのは無理ですが、気にしすぎてうまくいかなくなっては本末転倒です。悩んだときこそスタート地点に立ち返り、目的をしっかり見据えてサイト運営を続けていきましょう。

> CHAPTER 4

SNSライティングの基本

01 SNSの運用にあたって
02 SNSには何を書けばいいのか
　　CASE STUDY1 自分が「いいね!」を押したものを振り返ろう
03 NGネタに注意!
　　CASE STUDY2 自分がブロックしたものを振り返ろう
04 更新が目的になってはいけない
05 仕事のSNSを楽しむためのヒント
　　CASE STUDY3 仕事を楽しんでいそうなアカウントを探そう
　　CASE STUDY4 Chapter4のネタ出しクエスチョン

WEB WRITING IDEA NOTE

CHAPTER 4　SNSライティングの基本

01 SNSの運用にあたって

SNSの特徴

☐ 速くて手軽

　この章では、Webコンテンツとは切っても切れない存在である、SNS（ソーシャル・ネットワーキング・サービス）でのライティングと運用について説明します。SNSの代表的なものといえば、現時点ではTwitterとFacebookでしょう。日本ではLINEが普及しており、Instagram（図4-1）も流行の兆しを見せていますが、国内と海外の両方を見ると、TwitterとFacebookの普及度はずば抜けています。マーケティングツールとしてもはや欠かせません。

　よく言われていることですが、SNSの大きなメリットは「伝播の速さ」と「情報共有の手軽さ」でしょう。これは企業側もユーザー側も「即時性」を求めているからだともいえます。ただし、これらのメリットは、逆にデメリットにもなりえます。前述のとおり、簡単に発信・拡散できるということは、その情報が正確でなかったり、記載内容にミスがあったりしても、簡単に広まってしまいます。正しい情報やポジティブな情報であれば、拡散力は大きな力になります。しかし、間違った情報（自分に非のないデマも含む）やネガティブな情報が拡散されることで受けるダメージは計り知れません。

　手軽であるがゆえに、気をつけなければいけない点も多いのがSNSの特徴です。

図4-1：InstagramはFacebookと連携している　URL https://www.instagram.com/

☐ 見つけてもらう工夫がカギ

　SNSは投稿も閲覧も各サービスのプラットフォームに依存するので、独自のカスタマイズはほぼ不可能ですが、すぐに開始できることや、始めからある程度のアクセス数が見込めるのは利点です。

　一方、個人も企業も使っているため、情報が埋もれやすいという欠点もあります。SNSを使っているユーザーのほとんどは、自分のアカウントのタイムラインを眺めることで情報を収集しています。つまり**情報取得が受動的であるユーザーが多い**ので、「たまたま」目にしてもらうことを期待するのが基本的なスタンスになるでしょう。また、ユーザーが**情報をストックする傾向が薄い**（あとで読み返す人が少ない）のも特徴です。そのぶん、能動的に情報を収集しているユーザーに「見つけてもらう」ことが非常に大事です。後述の「言葉を加える」方法や、**ハッシュタグ**[*1]の利用は必須といえます（図4-2）。

図4-2:ハッシュタグの利用例

*1 **ハッシュタグ**；#と文字で構成される文字列。ツイートに「#サッカー」などと入れて投稿する。ハッシュタグを検索すると、該当するツイートが一覧となって表示される。このように同じことがらについての意見が閲覧しやすくなる。

☐ 投稿を効果的にする時間帯

　ご存じの方も多いと思いますが、SNSはスマートフォンなどの携帯端末で閲覧するユーザーが多く、朝の通勤時間、昼休み、退勤後にアクセスが集中します（図4-3）。これらの時間の少し前に投稿を行っておくと、目に留まりやすくなります。

　通勤時間は、出勤時と退勤時でユーザーの気持ちは大きく異なります。朝はどちらかといえば「オン」の時間です。ビジネスに関係する商品やサービスについての情報なら、朝の通勤時間帯を狙うとよいでしょう。反対に夜の帰宅途中は「オフ」の時間です。趣味やアパレル、飲食系の投稿はこの時間が効果的です。発信する情報の特性を考慮し、最適な時間帯に投稿を行うようにしましょう。

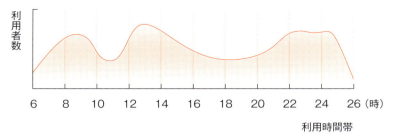

図4-3：SNSを閲覧する時間のイメージ

☐ **投稿頻度**

投稿頻度は「ほどほど」がベストです。一日数回くらいが限度でしょう。運用に慣れないうちは定期的な投稿時間を明確に決めることを推奨します。**一度ルールを決めたら、しばらくは例外を許さない**ようにしてください。あまり余計なことを考えないのも、SNSを毎日更新するコツです。また、このルールはリピーター（熱心なフォロワー）にとっては閲覧するタイミングの目安にもなります。

SNSも目的を決めるべし

SNSはあくまでツールです。つまり、Webサイトやコンテンツと同じように、目的を見据えた運用をすることを忘れてはいけません。目的を見失ったコンテンツが一貫性のないブレたライティングになってしまうことと同じで、SNSは目的以外にも行動基準（運用のガイドライン）などを決めておかないと失敗してしまいます。**アカウントとしての「ふるまい」に適しているか**どうかも、しっかりと考えて運営するべきです。

多くの人にシェアしてもらう、集客することばかりに気を取られて奇をてらうと、SNSのアカウントどころか、サイトそのものの信用も落とすことになります。もし「SNSを使えば（無条件で）集客できる」と考えているのなら、まずはその考えを捨ててしまうことが、SNSを運用するうえでの最初の一歩です。

また、SNSはフォローや承認によって情報が拡散する範囲が広くなるので、どうしてもフォロワーを増やすことが目的にすり替わってしまいがちですが、ただ数を増やすだけでは何も意味がありません。フォロワー数が多いと権威があるようには見せかけることはできますが、実質が伴わない数を上げてもムダです。

　大切なのはあなたの情報を欲しがっている人に的確な情報を届けることです。これもサイト運営やコンテンツ作成の考え方と一緒です。

SNSの主な目的

　SNSを個人で楽しむのであれば目的がなくても、発言内容が自由であっても構いませんが、企業やサービスの公式アカウントとなるとそうはいきません。主な目的は、企業やサービスのブランディングや、購買の促進になります。そうすると、発信することは新情報の告知、Webコンテンツへの誘導などになるでしょう。特に**ランディングページ**[*2]への誘導は購買と直結するものです。

　ここで一つ注意して欲しいことは、「SNSユーザーは露骨な宣伝を嫌がる傾向にある」ということです。SNSはコミュニケーションツールの側面が強く、企業側の目的とズレが生じるからです。

　情報を発信する側と受信する側の目的が違うのですから、発信側の意図ばかりを一方的に押しつけてもうまくいきません。いきなりプライベート空間で「買ってください」と投稿したら、嫌悪感を与えてしまう恐れがあります。ユーザーに受け入れられるにはどうすればよいかを考え、ただの売り文句にならない形でライティングをしましょう。

[*2] ランディングページ：SNSなどで告知したリンク先。独立したキャンペーンページや、申し込み・問い合わせフォームのページなど。

02 SNSには何を書けばいいのか

SNSは1に共感、2に共感

　SNSで重要な考え方、それは**「1に共感、2に共感」**です。わかりづらいという人は、以下のように想像してみてください。あなたがSNSで自分発信（自分のサイトの情報や自分の近況など）以外の情報を発信、拡散（シェア）するのはどんなときでしょうか。その情報が有用である、もしくはとても共感したので、ほかの人にも教えたいと感じたときではないでしょうか？

　ユーザーに「人に教えたい」という感情を起こさせることがSNS活用では重要です。元のWebコンテンツが有益で質の高い情報であることはもちろんですが、それに感情を動かす要素をプラスさせることで、SNSではシェアされる可能性が高まります。これは「共感型」「問題解決型」のWebライティングに大いに関係します。

　共感型のコンテンツはその名のとおり、シェアされやすいコンテンツだといえます。逆に問題解決型のコンテンツはシェアされにくいかというと、決してそうではありません。ユーザーの悩みを解決するということは、ほかの人に伝えたくなる大きなポイントだからです。

SNSで求められているネタ

　SNSは検索エンジンと違い、明確な目的を持って使用することが少ないメディアです。TwitterもFacebookも、ログインしてタイムラインを眺めてい

るだけのユーザーや、フォローしているアカウントの投稿を眺めるだけのユーザーが多数です。タイムラインには常に新しい情報が流れているので、目立たない投稿は埋もれてしまいます。

　何となく眺めているものの中から目をつけてもらうためには、適度にインパクトがあり、ユーザーの潜在意識に訴えかけるネタであることが必要です。つまり、よい意味でサプライズを与えてくれるネタであることが求められるのです。

SNSのネタの考え方

　では、具体的にはどのような考えにもとづいてSNSのネタを出せばよいのでしょうか？　一つの方法は、自分発信の情報ばかり投稿するのではなく、ほかのSNSアカウントや、外部サイトのネタをシェアすることで、自分のアカウントの価値を高めることです。

　そんなことをしたらユーザーを外部のサイトに誘導してしまう、目的から外れてしまうのではないかと思うかもしれません。しかし、自社の宣伝しかしないアカウントよりも、外部の情報をしっかり選別してシェアしているアカウントの方が運営者の姿が見え、機械的な発信よりも信頼性や親近感が湧きます。

　有益でもジャンルを問わずに無制限にシェアすることは、ブランディングにマイナスになることに注意します。必ず自分のアカウントに関係するものを選ぶようにしてください。

シェアされやすいように、もう一工夫を加える

　文章を共感型あるいは問題解決型にするのは基本ですが、SNSで集客を考える際には、それだけでは少し足りません。たとえば、サイトの更新情報を知らせる際に、タイトルとURLだけを投稿して終わりにしていませんか？残念ながらいくら元のコンテンツが共感にあふれ、問題解決に優れていたと

しても、それだけではシェアされる機会は少ないものとなります。

　SNSでシェアを生み出すコツ、それは「言葉を加えること」です。なぜかというと、SNSのリンクをクリックしてもらうためには、信頼性あるいは興味を引く要素が必要だからです。自分が受け手の場合も考えてみてください。信頼しているアカウント（知り合い）が発信したリンクであれば、深く考えずにコンテンツを見るかもしれませんが、そこまでの信頼を築けていないアカウント（知り合いの知り合いなど）が発信したリンクを反射的にクリックすることは、よほど興味と合致しなければ少ないでしょう。

　こうならないためにも一工夫を加える、すなわちコンテンツ内容の概要を書くことで、不安感を拭い、興味を持ちやすくします。そもそも、何が書いてあるのかが先にわからなければ、詳しい内容を見てみようという気が起きません。

　具体的な例として、と 図4-5 に筆者が実際にTwitterとFacebookで行っているブログの更新情報を掲載します。これを参考にして、あなた独自の言葉を加えて、SNSを運用してみてください。

：Twitterでの「ブログの更新情報」の例

図4-5：Facebookページでの「ブログの更新情報」の例

「釣り」はしない

　ただし、言葉を加えるにあたって注意してほしいのは、嘘はもちろん、煽るようなことを書いてはいけないということです。俗にいう「釣り」をしてはいけません。誇張した言葉を書けば、多くの人が気になってコンテンツを見てくれます。しかし、その言葉とコンテンツ内容が伴っていない場合はまったくの逆効果です。ユーザーは嫌悪感を持ち、「二度と見ない」という気にさせてしまうことにもなります。

　情報発信のツールがSNSになったところで、やってはいけないことはほかのWebコンテンツと同じです。ユーザーに対しては真摯な対応を心がけて運用していきましょう。

CASE STUDY ①

自分が「いいね!」を押したものを振り返ろう

　実際に自分が「いいね!」を押したSNSのアカウントと、その内容を振り返ることでSNSの運用のコツをつかんでみましょう。ここではTwitterとFacebookを例にして説明をします。もしSNSの個人アカウントを持っていないのであれば、これを機に作成することを勧めます。

① Twitter

　Twitterで「いいね」または「リツイート」をしたつぶやきの中から、特に気に入っているものを5つピックアップしてください。足りなければ探してみましょう。

　次に、そのつぶやきを「言葉だけのもの」「リンクが掲載されているもの（タイトルとURLだけ）」「言葉やハッシュタグがついたサイトやブログの情報」という3つに分類してみてください。そしてなぜそれを選んだのか、いくつか理由を考えてみてください。

　複数のツイートに対して共通の理由があれば、自分でも同様の効果を人に与えられるように真似してみましょう。

アカウント名	内容	分類／理由

02：SNSには何を書けばいいのか

②Facebook

　Facebookでも同様のことを行います。5つの投稿を選び、「言葉だけのもの」「リンクが掲載されているもの（タイトルとURLだけ）」「言葉やハッシュタグがついたサイトやブログの情報」という3つに分類して、理由を考えてみてください。

アカウント名	内容	分類／理由

　TwitterもFacebookも真似するところから始めますが、回を重ねるごとに「いいね」やシェアの数も増えてくるので、自分なりのコツをつかむことができます。それをさらに伸ばすよう、自分なりにアレンジを加えながら運用してください。

03 NGネタに注意!

シェアは節度を持って行おう

　前述のとおり、企業でSNSを運営している場合でも、「これはほかの人にも知らせたい！」というものを見つけたときは、シェアを行うことを推奨します。ユーザーによいものを知らせることでアカウントの信頼度も上がります。

　ただし、あまりに過剰にシェアするのは止めましょう。あまり多いとうっとうしくなり、フォローを外されたり、ブロックされたりする危険があります。時間を決めて定期的に行うなどのルールを決めておけば、スムーズな運用ができるはずです。

疑わしいものはすぐにシェアせずに確認する

　自分がデマやネガティブな情報を発信しないのは当然ですが、ほかのユーザーのそのような発言を考えなしにシェアしてしまうと、意図せずデマの拡散に加担することになってしまいます。SNSでは「情報共有の手軽さ」はメリットではありますが、ボタン一つで拡散できるため、手軽すぎて拡散という行為に対する敷居も意識も低くなりがちです。

　中には恣意的にデマやネガティブな情報を流すアカウントも存在します。それをシェアしてしまっては、その不誠実なアカウントの思うツボです。正しいかどうかすぐに判断がつかないものはシェアを行わないほうがよいでしょう。

これを避ける効果的なテクニックはありませんが、「ネット上では嘘や不確定な情報もたくさん書かれている」ということを決して忘れない姿勢が大切です。

論争になってしまうネタは避ける

　デマやネガティブな情報以外にも、シェアを避けるべきネタがあります。それは「論争になってしまうネタ」です。具体的に言うと、政治と宗教についての話題です。この2つは人それぞれの価値観、正義感に依存するところが大きく、一つの意見に対して納得しない人の割合が高いためです。

　また、世間一般の常識やモラルとかけ離れたネタも避けるべきでしょう。注目を集めやすいことは確かですが、**はっきりいって、ただのうわさ話に集まってきたユーザーには何も期待できません**。むしろ論争をしたくて集まってくるので、あなたの時間と労力と精神をすり減らすだけです。これは従来の目的を忘れて、PV集めに走ってしまうブロガーによく見られる行為です。

　SNSで大きな話題になる、いわゆる「バズる」という状態になると、元ネタであるサイトのPVが大幅に増えることがあります。これを経験してしまうと、また注目を集めたいという気持ちになり、おかしな言動をするようになってしまいます。そうなると残るのはPV数ではなく、悪評と虚脱感のみです。気がついたときには遅いので、十分注意してください。

CASE STUDY ❷
自分がブロックしたものを振り返ろう

　一つ前のケーススタディでは、TwitterとFacebookで自分が「いいね！」を押したものをピックアップしましたが、今回は逆に自分がもう見たくないと判断した、ブロック・ミュート[*3]・フォロー外しをしたものを振り返ってみましょう。単純に、自分が嫌だと感じたことはほかの人にも行わない、ということです。

[*3] ミュート：Twitterで、相手のアカウントのフォロー（友達申請）を外すことなく、当該のアカウントの発言を自分のタイムライン上に表示しないようにすること。

① Twitter

　Twitterでブロック・ミュート・フォロー外しをしたアカウントのつぶやきの中から、特に気に入らないつぶやきを5つほどピックアップしてください。一度拒絶したものは見ていないでしょうから、なんとなく嫌いな芸能人やキャラクターのツイートなどから探してみるほうが早いかもしれません。

　次に、なぜそれに嫌悪感があるのか、いくつか理由を考えてみます。「この人が嫌いだから」というような理由だと参考にならないので、もう少し掘り下げてみてください。自分のツイートを読み返してみて、同じようなことをしていないかチェックしましょう。

アカウント名	内容	理由

②Facebook

　Facebookでも同じことを行います。ブロック・ミュート・フォロー／友達外しをしたアカウントの投稿の中から、特に気に入らないものを5つピックアップしてください。なぜそれに嫌悪感があるのか理由を考え、自分の投稿で同じようなことをしていないかチェックしましょう。

アカウント名	内容	理由

　「余計なことはしない」というのも立派な運用方法の一つです。やらないことについても明確なルールと決めておくと運用が楽になります。

| CHAPTER 4 | SNSライティングの基本 |

04 更新が目的になってはいけない

SNS上でのふるまいを考える

　SNSの運用で意識しておくべきことは、SNSを介してユーザーとコミュニケーションを取ることです。前述のとおり、SNSは情報発信が手軽に行えるため、情報を発信する側が際限なく情報を発信してしまいがちです。しかし同じ情報を何度も流してしまうと、ユーザーに飽きられます。スパムとふるまいが変わらないため、うんざりしたユーザーにブロックされてしまうのです。

　SNSのアカウントは「一つの人格である」と理解して運用すれば、こういったユーザーとの感覚のズレは少なくなります。

更新のために新しい情報を作り出さない

　SNSでいつも同じ情報ばかり流すからユーザーに飽きられる。それなら常に新しい情報を発信すれば飽きられることもないのではないか。その考えは間違いではありませんが、それだけでは正解とはいえません。たとえば、発信する情報に一貫性がなければユーザーは混乱してしまいます。

　ごくたまに本来の趣旨とは違った情報を発信する（「今日のランチ」などのゆるいネタや、面白いニュースをシェアする）ぐらいの脱線であればよいのですが、本来の趣旨とかけ離れた情報ばかり発信していると、ユーザーが「何に関係する情報なのか」と混乱するだけでなく、「こんな情報を見るためにフォローしているのではない」と思われることでしょう（**図4-6**）。

更新が目的になってしまうと、情報を無理矢理に作り出してしまったり、他人の情報をシェアするばかりになってしまったり、ユーザーにとってどんどん価値のないものになっていきます。

　SNSは手軽だからといって、適当にやってもうまくはいきません。こう書くと更新をためらってしまうかもしれませんが、次のページからは楽しみながら運用する方法を紹介するので、参考にしてください。

図4-6 :「とりあえず更新」するのはやめよう

05 仕事のSNSを楽しむためのヒント

仕事と楽しみのバランスを取る

　言うまでもないことですが、ユーザーは企業の公式アカウントが発する情報を「企業としての発言」とみなすので、軽はずみなことは言えないのが現実です。さらに、仕事だと思うと「やらなければいけない」という義務感や責任感も生じるため、楽しんで運用するのはなかなか簡単ではありません。

　企業としてのSNS運用は、仕事と楽しみのバランス感覚が不可欠です。これは運用しながら自分で確立していくしかありませんが、少しでもSNSを楽しんで運用できるよう、3つのポイントを挙げてみます。

こちらから積極的にコミュニケーションを取る

　炎上をあまりに怖がると、必要なときに必要なことだけを発言するようになりがちです。これでは自分（運営者）もユーザーも面白いはずがありません。何度も申し上げるように、SNSは「ユーザー同士がコミュニケーションを図るツール」でもあります。

　ユーザーのリアクションにいちいち答える余裕がない、最初からそれは行わないとルール決めしたのであればそれでも結構ですが、適度にユーザーとコミュニケーションするほうが楽しく運用でき、何よりもファンやリピーターを生み出すきっかけになることは間違いありません。運用ルールを決めるのであれば、「どの程度までユーザーとやりとりするか」を定めるべきだと

筆者は考えています。

　余裕があるならば、積極的にユーザーに語りかけるとよいでしょう。たとえば、あなたがある商品やサービスについて意見をSNSに書き込んだとします。その企業に向けて伝えたいわけではなく、なんとなく書き込んだだけの発言だったのに、その発言が企業の公式アカウントの目に止まり、感謝の言葉や返事が送られてきたらどう思いますか？　感心するとともに、嬉しい気持ちになるのではないでしょうか。

　当たり前のことですが、人と人がコミュニケーションを図るうえで「相手の喜ぶことをする」のは重要な考え方です。企業の公式アカウントでそこまでする必要があるのか……などと考えずに、柔軟な発想と対応でSNSの運用を行ってみてください。

ネガティブな発言があっても気にしない

　積極的にユーザーとコミュニケーションを取る場合、必ず行うこととして「エゴサーチ」があります。エゴサーチとは、自分の名前や自社の商品、サービス名で検索をかけることです。その検索キーワードが含まれる発言をピックアップし、評判を確かめることができます。

　ただし、エゴサーチは薬にも毒にもなります。エゴサーチでユーザーの意見を調べることができますが、その発言は企業に直接向けたわけではないので、ユーザーの飾らない素直な意見が書かれています。賞賛や感想のようなポジティブなものもあれば、批判や文句などネガティブなもの当然ながら存在します。

　ここで気をつけたいのは、そのようなネガティブな発言を見つけても、気にしないことです。直接言われてもいないネガティブな発言すべてにショックを受けたり、対策を取ったりしていては疲弊するばかりです。「気にしないように気をつける」とは難しいことですが、Webで仕事をするからには必須のテクニックです。

　また、ネガティブな発言でも建設的な意見が書かれた批判であれば、それ

はとても貴重だといえます。このような場合は、公式アカウントからお礼のメッセージを送るとよいでしょう。

アンケートでコミュニケーションを図る

　完結型の情報を投稿するだけでなく、ユーザーに質問やアンケートを投げかけるのもSNSを面白くする方法の一つです。TwitterやFacebookにはアンケート機能があるので、この機能をうまく利用してみましょう。

　質問を投げかける際は、ただ質問するだけでなく、具体的な選択肢を用意してください。ユーザーが回答しやすい環境を作ることができれば、回答数や回答率は向上します。さらにアンケートの集計結果を総評なども加えて発表すれば、それだけで一つのコンテンツとして成り立ちます。具体的な意見などを発表するのもユーザーにとっては面白いでしょう。

　最近のネットユーザーは、参加型の企画に前向きです。紙で行うアンケートはユーザーから企業への一方通行のような感じがしますが、**Webでは早期に結果を発表することで相互通行になります。**アンケートの形を取ったコミュニケーションが成立するわけです。

　なお運用にあたっては、頻度を考慮する必要があります。いつも同じ質問をするわけにはいかないので、毎月1回、週に1回など、定期的に行うようルールを決めます。これだけでもユーザーに意識づけができますが、少数でも自社製品のプレゼントなどを用意すると、「今月のプレゼントは何かな」と期待感を持ってもらえます。そうすれば、必然的に記事もしっかり読んでくれるようになります。

CASE STUDY ③
仕事を楽しんでいそうな アカウントを探そう

　企業や自治体の公式アカウントに限定して、「仕事を楽しんでいそうなアカウント」を探してみましょう。NHKやシャープなどは、Twitterが面白いと有名なアカウントです（炎上を恐れていないフシがあるので、真似するのは危険ですが）。自治体でも、キャラクターをうまく使って運用を楽しんでいそうなアカウントは多いです。それらを、下記の方法で分析してみましょう。

　まずアカウントを3つピックアップしてください。それから、下表の項目を埋めて、アカウントの特徴を見てください。

アカウント名	キャラクター有無	更新頻度（何回／日、週）	投稿の多い時間	主な投稿内容（複数）

次に、面白くする工夫と思われる要素を考えます。下表の項目を埋めて、考えるための参考にしてください。

アカウント名	フォロワーとのやりとり	文体の特徴／掲載写真の特徴	脱線した話題（ランチ紹介や趣味の話題など）の内容／頻度

よいと思われることは積極的に取り入れ、アレンジを加えて自分のノウハウにしていきましょう。

CASE STUDY ❹

Chapter4の
ネタ出しクエスチョン

本章の内容から、以下の質問に答えてみましょう。
　期間を空けて何度も考え直すことで、ライティングの幅を広げるきっかけにしてください。

Q1. SNSの友人が「いいね」を押している企業アカウントを確認して、なぜ「いいね」を押しているのか考えてみてください。

Q2. 自社のSNSアカウントのフォロワーに聞いてみたいことは何ですか？ 実際に聞くことができるか、検討してください。

Q3. あなたがプライベートのSNSアカウントで絶対に書けないことは何ですか？ 視点を変えて、それをコンテンツ化できませんか？

メルマガ／Web広告の基本

メルマガの特徴

　ここではSNS以外の代表的な情報発信・集客ツールである、メルマガとWeb広告の特徴と使い方について簡単に説明します。

　メルマガの大きな特徴は、クローズドな環境で行われるということです。当たり前ですが、メールアドレスを登録した人にしか情報が届きません。ただし、これはセグメントという意味ではメリットになります。登録された時点でユーザーの選別が完了しているので、ニーズに合った具体的な情報を提供できるからです。メルマガ会員限定のキャンペーンは定番です。

　また、SNSはボタン一つでフォロー（あるいはフォロー解除）できますが、メルマガに登録するにはメールアドレスを入力する必要があります（解除する際もリンクをたどらないといけません）。はっきりと能動的に登録しているので、SNSと比較すると必然的に関心が高いといえます。

　また、SNSと比べて以前からある方法なので、Webに関係するものの中では比較的幅広い世代に受け入れられています。また、SNSが普及したいまでもメルマガを読んでくれている人というのは、ファンかそれに近い存在と認識できます。

メルマガの使い方

　メルマガは情報をメールというパッケージにしてユーザー単位で送るため、送信から時間が経ったあとでも閲覧してくれる可能性がSNSよりも高いです。メールは字数も添付ファイルもSNSより制限が少ないので、じっくり読んでもらいたいものはメルマガで送信すべきです（図4-7）。

SNSの登場により、相対的にメルマガ読者はプレミアムな扱いになってきています。すなわちSNSのメインターゲットはライト層、メルマガ読者はお得意様としてより有益な情報を届ける対象として、メルマガ読者の地位が相対的に上がったのです。SNSでメルマガ読者の特典を宣伝することで、読者登録に誘導するのもよいでしょう。メールはダイレクトな伝達手段であるので、結果が見えやすいのも長所です。

図4-7：HTML形式のメルマガの例

Web広告の特徴

　Web広告にはさまざまな種類のものがあります。代表的なものとして、リターゲティング広告、バナー広告（図4-8）、リスティング広告などがあり、いずれも広告代理店やASP[*4]を間に挟んで、掲載したいメディア（サイト）と交渉して掲載の契約を行います。契約内容によって、成果報酬型であったり、掲載期間に応じて金額が決まったりします。

　また、ライティングに密接にかかわるものとして記事広告があります。これはPR内容が通常の記事とよく似た形で編集され、見かけ上は通常の記事と変わらないので、ユーザーの警戒心が薄いとされています。しかし、俗に

いうステルス・マーケティング[*5]とみなされると批判につながるので、必ず広告であることを明示しないといけません。

いずれにしても、Web広告の特徴はSNSやメルマガよりも大勢のユーザーに訴求できることです。Web広告の種類別の特徴については、Chapter5でも解説しているので参照してください。

[*4] ASP（Affiliate Service Provider）：インターネットを中心に、成功報酬型広告を配信するサービス・プロバイダのことを呼ぶ。広告主（ECサイトなど）は、ASPを仲介にして、個人・法人が運営するウェブサイトでの広告掲載を依頼し、広告のクリックや掲載商品の購入など、あらかじめ設定された成果条件に至ることで、成果報酬として広告料を支払う。

[*5] ステルス・マーケティング：略して「ステマ」。ユーザー（消費者）に宣伝と気づかれないように宣伝行為をすること。

Web広告の使い方

受け手の興味の有無に関係なく情報を伝えられるのは、Web広告も含めた広告の大きなメリットです。当然ですが、これはコストパフォーマンスが悪いというデメリットと表裏一体です。とはいっても、知名度を上げるには広告の効果は絶大です。費用が発生する以上、会社からも成果が厳しく求められると思いますが、予算を組めるなら活用するに越したことはありません。新規サイトを立ち上げたときや、新商品の発売時には検討すべき手法です。

Web広告は、TVCMや紙媒体よりも少ない予算で出稿できます。セグメントをうまく利用することで、費用対効果は改善可能です。提供する商品やサービスの申し込みや支払がネット上で完結するものなら、前向きに考えてみてください。

図4-8 ：バナー広告の例

> CHAPTER 5

さらに質を上げるための分析・改善方法

01 検索キーワードや流入元を分析する
　　CASE STUDY1 Googleアナリティクスを使ってみよう
02 自分の強みが正しく認識されているかを検証する
　　CASE STUDY2 分析結果のポジショニングマップを描いてみよう
03 デバイスの違いを意識する
　　CASE STUDY3 同じコンテンツをパソコンとスマートフォンで見比べよう
04 SEO対策を見直そう
　　CASE STUDY4 PDCAを回そう
　　CASE STUDY5 Chapter5のネタ出しクエスチョン

WEB WRITING IDEA NOTE

| CHAPTER 5 | さらに質を上げるための分析・改善方法 |

01 検索キーワードや流入元を分析する

質を上げるための考え方とは

　これまではライティングするための方法や工夫、記事として形にすることについて説明してきましたが、この章ではその質をさらに上げるための分析、改善方法を解説します。

　商品やサービスと同じように、Webライティングも内容を確認・分析して改善を繰り返すことで質を上げていくべきです。

ターゲット像をチェックする

　Chapter1で「コンテンツ作りの基本は、ターゲットが欲しがっている情報や、知って得するようなネタを探してライティングすること」と書きました。実際に公開したコンテンツにどのようなユーザーが訪れたのか、そしてその人がサイト内でどういう動きをしたかというデータを取得するための「アクセス解析ツール」というものがあります。

　これにより検索エンジンの検索結果からの流入、外部のサイトに張られたリンクからの流入、SNSやWeb広告経由での流入など、流入経路を把握するだけでもある程度は読者をセグメントして分析できます。また、どのページが多く見られているか、逆に閲覧数の少ないページはどれかということもわかります。

　これらのデータを元に、その読者が想定していたとおりのターゲットか、

それともズレてしまっているのかを知ることが重要です。

アクセス解析ツールを導入する

　想定していたターゲットと合致しているかどうかを確認し、分析を行うには、アクセス解析のデータが必要です。CMS[*1]やレンタルブログサービスによっては簡易的なアクセス解析ツールが一緒に提供されていることもありますが、無料で高性能なツール「Googleアナリティクス」（図5-1）を組み込んで使うのも一般的な方法です（Googleアナリティクスの使い方は後述します）。

　アクセス解析ツールを導入したら、まずは取得するデータの期間を決めましょう。このとき、**あまり短い期間にしないことがポイント**です。たとえば公開直後の数日間に設定してしまうと、ファンや常連のデータでほぼ占められてしまうため、データに偏りが出やすいからです。もし最初の数日しかアクセスがなく、長い期間で見て結果が変わらないようでも、「常連しか見ないWebコンテンツだ」と判断できます。

図5-1：Google Analytics　URL https://www.google.com/intl/ja_JP/analytics/

また、データ取得期間を週単位や月単位などと決めれば比較しやすく、傾向分析も行いやすいデータになります。

*1　CMS（Contents Management System）：コンテンツマネジメントシステムの略。Webコンテンツを構成するテキストや画像などを保存・管理してサイトを構築、編集するソフトウェアのこと。WordPress、MovableType、Jimdoなどがある。

検索キーワードから確認、分析する

　検索結果から流入した読者について分析するときは、検索キーワードのデータを使うのが定石です。実は検索流入のユーザーの分析は、最も読者の傾向をつかみやすい方法です。なぜなら、**検索キーワードは読者のニーズを端的に表した言葉**だといえるからです。

　たとえば自分がとある作家について調べたい場合、検索エンジンに何と入力して検索するでしょうか。作家名をそのまま入力するだけでなく、具体的に知りたいことを続けて入力するはずです。新刊情報を知りたいときは、「作家名　最新作」のように入力すると思います。作品を読んだあとで作家について詳しく知りたくなったら、「作家名　経歴」などと入力するでしょう。もちろん、もっと多くの検索キーワードを使う人もいます。

　原則的には、入力されるキーワードが多いほうが的確な検索結果が表示されます。また、検索上位のページは検索エンジンにどう見られているか（どんなキーワードに関係するページだと判断されているか）もわかります。

　もう一歩踏み込むと、コンテンツで伝えたい内容と検索キーワードが一致していれば、そのコンテンツは正しく役割を果たしていることになり、**Webライティングの正解**に限りなく近いといえます。ここで大切なのは、分析して正解が見えたことで、再現性を得られるということです。次に生きるノウハウを自らの手で確立していくことができます。

　一方、想定外のキーワードでも検索流入数が多ければいい、という結果オーライの考えは捨てるべきです。たまたまの成果では、いつまでたっても経験値が溜まりません。アクセス解析をするときは、「狙い通りの結果か」と

いうことを常に意識しておきましょう。

外部サイトのリンク、SNS経由の流入

　外部サイトのリンクやSNSを経由しての流入は、検索流入とは傾向が異なります。外部リンクやSNSから来る人は、自ら情報を求めて検索するという能動的な流入ではないからです。よって、明確な目的を持ったターゲットとはいえないため、正確な分析はかなり難しいものです。ただし、流入元である外部サイトやSNSアカウントを実際に見て傾向を探れば、ある程度はターゲット像を絞ることができます。

　最初に想定していたターゲットと、流入元のサイトやSNSアカウントがまったく傾向も性格も異なるものだとしたら要注意です。「女性向けの雑貨が意外と男性に受けた」くらいなら嬉しい誤算といえますが、誤解を招いた形で拡散されて「期待していた情報と違う」「まぎらわしい」などと勝手にネガティブな印象がついてしまう恐れがあります。

Web広告からの流入

☐ Web広告の種類と特徴

　Web広告にはたくさんの種類があり、分析する以前に用途によって使い分ける必要があります。当然ながら、広告はSEO対策と違いお金が必要ですが、予算が確保できるのであれば早期の結果が期待できます。

　ここでは、代表的な広告を3つ紹介します。集めるターゲットや目的に合わせて使い分けましょう。

①PPC広告（リスティング）

　PPCはPay Per Click（ペイ・パー・クリック）の略で、掲載するだけでは料金はかからず、実際にクリックされた数だけ広告費が発生します。特に検索エンジンでキーワードに関連する広告を表示させる手法をリスティングと

呼びます。出稿する場合は、広告表示対象の検索キーワードや入札額を決め（枠をほかの出稿希望者と争います）、表示するタイトルと広告文を作る必要もあります。SEOと併用して検索流入を促進させるためには有効です。

②アフィリエイト広告

商品の購入やサービスの申し込みなど、広告を掲載しているサイトを介して広告主が決めた成果が生じたときに、成果報酬として広告費が発生します。広告代理店であるASP（アフィリエイト・サービス・プロバイダ）を介して広告を掲載するメディアを選別できます。掲載メディアにバナーなどの広告素材を提供することが多いです。

③記事広告（ネイティブアド）

STEP UP5でも触れましたが、記事（コンテンツ）と同じレイアウトの広告のことです。ステルスマーケティングに対する世間の目が厳しいため、「広告」「PR」などの表示をします。ネイティブアドとも呼ばれることがありますが、正確にいうとこれは考え方を指す言葉です。

成果報酬ではなく、掲載に対して費用が発生します。金額は割高ですが、有名サイトにしっかりした記事が掲載されるので、効果はほかの広告よりもかなり高いといえます。記事は依頼者が作ることもあれば、掲載サイト側で作ることもあります。

CASE STUDY ❶

Googleアナリティクスを使ってみよう

　訪問者の確認、分析を行うためのアクセス解析ツール「Googleアナリティクス」の使い方を説明します。Googleアナリティクスはとても多機能であり、さまざまな分析データを取得できますが、ここでは初歩的な使い方（検索キーワードでの流入と、流入元の調査）を紹介します。なお、Googleアナリティクスを利用するには、事前にGoogleアカウントとサイト登録が必要です。

検索キーワードを調べる

　Googleアナリティクスにて、アクセスデータを調べたい日時を設定してください。自分で分析しやすいよう、週や月単位にするとよいでしょう。

期間を設定

　左メニューの［集客］から［サマリー］を選択し、一覧の［Organic Search］をクリックすると、期間内で検索流入したキーワードが表示されます。

選択

　もう少し詳しいデータとして、どのWebコンテンツページにどの検索キーワードで流入したのかを調べてみます。

　左メニューの［行動］から［すべてのページ］を選択します。一覧にはコンテンツページのURL（ドメイン以降）が表示されます。

　例として「/entry/referrer-spam」のページの検索キーワードを調べてみます。「/entry/referrer-spam」をクリックし、［セカンダリディメンション］をクリックします。

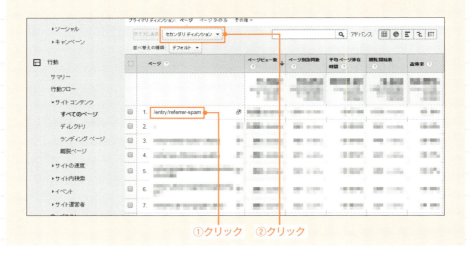

①クリック　②クリック

開いたメニューから［広告］→［キーワード］の順に選択すると、以下のようにキーワード一覧が表示されます。想定していた検索キーワードでの流入があるかを確認し、実際のユーザー像を分析しましょう。

	ページ	キーワード	ページビュー数	ページ別訪問数	平均ページ滞在時間
1.	/entry/referrer-spam	(not provided)			
2.	/entry/referrer-spam	(not set)			
3.	/entry/referrer-spam	リファラースパム			
4.	/entry/referrer-spam	リファラスパム			
5.	/entry/referrer-spam	リファラースパム 対策			
6.	/entry/referrer-spam	リファラスパム 対策			
7.	/entry/referrer-spam	リファラスパムとは			

> ☕ **COLUMN**
>
> ### not providedとは？
>
> 「not provided」は、通常のGoogle検索などで、検索エンジン側のセキュリティ設定の都合により公開できないものです。「not set」は、データを取得できなかったことを意味します。なお、Google検索のキーワードはサーチコンソールと連携することで閲覧できますが、ここでは割愛します。

流入元を調べる

つづいて、流入元を調べる方法です。期間を設定し、左メニューの［行動］から［すべてのページ］を選択してください（検索キーワードを調査する方法と同じです）。

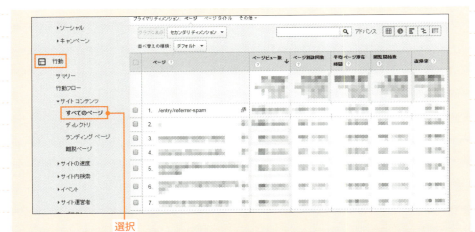

選択

ここでも「/entry/referrer-spam」のページの流入元を調べてみます。「/entry/referrer-spam」をクリックし、[セカンダリディメンション]をクリックします。

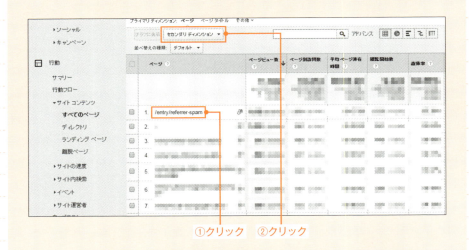

①クリック　②クリック

開いたメニューから[集客]→[参照元/メディア]の順に選択してください。すると以下のように「参照元/メディア」の一覧が表示されます。検索エンジンや外部サイトのドメイン、SNSなどが表示されます。

　Googleアナリティクスはほかにもさまざまな使い方があります。別の書籍を参考にするなどして、自分のサイトに合った使い方を探ってみてください。

direct / none とは？

　direct / none は、URL が直接入力された場合や、ブラウザのお気に入り登録から流入した際に分類されます。

| CHAPTER 5 | さらに質を上げるための分析・改善方法 |

02 自分の強みが正しく認識されているかを検証する

強みが集客につながっているか確認しよう

前節ではアクセス解析ツールを使うことで、コンテンツに適したターゲットを集められているかを確認しました。この節では、自社やサイトの強みがターゲットの集客に生かされているか、また、生かされていない場合はどのようにすればよいのかについて説明します。

イントロダクションでも解説しましたが、Webコンテンツにおける強みとは、UUが多いページや、特定の検索キーワードで上位をキープし続けているページはもちろん、==アクセスが少なくても商品の購入やサービスへの申し込みの後押しをするページ==(「お問い合わせ」や「会社概要」など)です。

UUが多いページ

UUが多いページは強いコンテンツであるといえますが、このとき広告からの流入は含めないようにしてください。広告はあくまで「お金による集客」なので、純粋にサイトの強みとして測るには適さない要素だからです。

前述と似た話になりますが、分析していると思いがけない流入があることがあります。つまり、自分の予期しないようなキーワードや外部リンク、SNSアカウントから流入が多いようなことです。それが自分でも気づいていなかった強みであることもありますが、基本的には「狙ったターゲットに届かなかった」と反省するようにしてください。下手に気をよくして、たまた

ま流入の多かった外部サイトの客層に合わせてコンテンツを作成すると、自分のサイトのメインテーマからどんどん離れていきます。また、再現性も低い方法です。

特定の検索キーワードからの流入

特定の検索キーワードで上位表示されるというのは、非常に大きな強みです。どういう意図で検索をしているのかをしっかり考察して、さらにコンテンツを充実させて流入を増やしていきましょう。

キーワードによっては、上位表示されていても流入のボリュームが少ないものがあります。これでは意味がないかというと、決してそんなことはありません。これを足掛かりに、そのキーワードと似た言葉や、もう少し大きな（そのキーワードを包含する）言葉を使ってライティングしてみましょう。

ユーザーの検索スキルにはバラつきがあります。うまくピンポイントで情報を見つけられる人もいれば、的確な検索をしたくてもできない（検索キーワードすら思いつかない）人もいます。このようなことを考慮してキーワードを膨らませていくことで、幅のあるライティングができるようになります。

サイトに本当に必要なページかどうか

流入数ばかりを考えてしまうと、アクセスは少なくても購入や申し込みに欠かせないページや、間接的に寄与しているページなどがおざなりになってしまいがちです。

特にお問い合わせページなどは普段はあまり使われない（検索されない）ページですが、ユーザーがコンタクトを取る窓口としてはとても大切なページです。会社概要や管理者のプロフィールなどのページも同様です。普段は検索されず、訪問のたびにじっくり眺める人もいないでしょう。

ただし、これらのページがあるかないかでサイトの信頼度は大きく変わります。普段は使わなくても、建物には非常口が必要であるようなものです。

CASE STUDY ❷
分析結果のポジショニングマップを描いてみよう

　自分の強みを正しく認識しているかを確認、分析するために、第三章で使ったポジショニングマップを使ってコンテンツページをマッピングしてみましょう。

　アクセス解析ツールを使って、あなたのサイト内で狙いどおりにアクセスを集めているページを5つピックアップしてください。次に、自分の思惑どおりにアクセスが集まっていないページを5つピックアップしてください。

　それぞれのページを 図5-2 にマッピングしてみましょう。

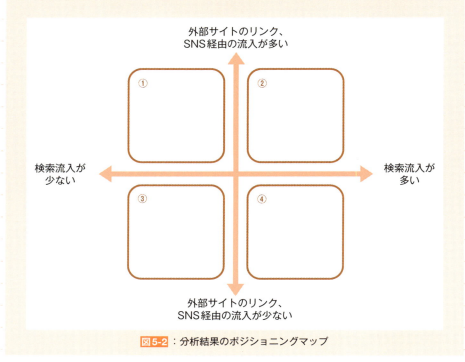

図5-2：分析結果のポジショニングマップ

マッピングが完了したら、対称になる場所にマッピングしているページの相違点をできるだけ挙げてください。違いを探すコツは、近い場所にマッピングされているページで共通点を探すことです。
　コンテンツ同士の違いがわかれば、具体的な改善案が出てくるはずです。

②と③のコンテンツページの違い

①と④のコンテンツページの違い

CHAPTER 5 　さらに質を上げるための分析・改善方法

03 デバイスの違いを意識する

スマートフォンやタブレットからの閲覧

　最近ではスマートフォンからの検索数がPCを上回ったといわれています。ちなみに筆者が管理しているサイトやブログでも、閲覧数の割合は半々くらいになっています（2016年4月現在）。また、Googleも「**モバイルフレンドリー**[*2]」を提唱しており、モバイル対応していないサイトは、モバイル端末での検索評価を落とすことも明言しています。Webライティングにおいても、スマートフォンでの見え方を考えることは大切です。

[*2] モバイルフレンドリーについての提唱：http://googlewebmastercentral-ja.blogspot.jp/2015/04/rolling-out-mobile-friendly-update.html

視認性、可読性がより重要に

　PCとスマートフォン最大の違いは、画面サイズです。ピンチ操作で文字を拡大・縮小することはできますが、サイトに訪問するたびに繰り返し行わなければいけないとなると、ユーザーは離れていってしまいます。

　また、PCの画面ではストレスを感じることなく読める文章量でも、スマートフォンで読むには長すぎると感じることもあります。ほかにも、段落が変わるときの行間がないだけで、スマートフォンではかなり読みにくくなります。つまり、色使いや文章量を工夫して、視認性と可読性を上げることがより重要なのです。

モバイル専用のサイトや**レスポンシブデザイン**[*3]で対応するなど、テクニカルな部分での対応方法はありますが、見やすさ・読みやすさは念入りにチェックするようにしてください。

[*3] **レスポンシブデザイン**：Webデザインの手法の一つ。WebサイトやWebページをパソコンやスマートフォン、タブレット端末など複数の機器や画面サイズに対応するよう、それぞれに最適化した複数のHTMLファイルやCSSファイルを用意する。

スマートフォン専用サイトは作るべき？

スマートフォン専用サイトはあるに越したことはありませんが、一から作るのはかなりの労力と時間を要します。筆者のおすすめは、端末によって見せ方を自動で変えてくれるレスポンシブデザインです。CMSやレンタルブログには標準でレスポンシブデザインが用意されていますので、簡単に作成できます。

また、サイトの目的にスマートフォンがどれだけ寄与しているかは調べておきましょう。このときも、PVではなく成約数で判断する必要があります。閲覧率はPCより低くても、スマートフォンの方が成約率が高ければ、スマートフォン専用サイトまたは専用アプリを作ると売上が伸びる可能性が高いです。

CASE STUDY ❸

同じコンテンツをパソコンとスマートフォンで見比べよう

同じコンテンツをPCとスマートフォンで見比べてみましょう（図5-3、図5-4）。自分のサイトはもちろん、好きなサイトのページもあらためて見てください。見やすくするためにどのような工夫がされているか、あるいはどんな点が原因で見にくいのか、以下の表を参考に分析してみましょう。

例）翔泳社の書籍紹介サイト

PCから閲覧した場合

図5-3：PCサイトの例

スマートフォンから閲覧した場合

図5-4：スマートフォンサイトの例

PCでの見やすさ

	文字の大きさ	文字の量	要素の量	クリックしやすさ	その他ポイント
例	問題なく読める	少なめ（要素ごとにまとめている）	普通（別のタブあり）	問題ない	配色とスペースによって落ち着きがある
1					
2					
3					

スマートフォンでの見やすさ

	文字の大きさ	文字の量	要素の量	タップしやすさ	その他ポイント
例	問題なく読める	やや多い（PCと印象が変わる）	普通（すべて縦に並んでいる）	問題ない	PCとフォントが異なる（読みやすさは同程度）
1					
2					
3					

　もし自分のサイトの文章がほかよりも読みにくいと感じたら、Chapter2の「Webライティングの基本」や、STEP UP3の「見た目の読みやすさ」を参考にして修正してみてください。

| CHAPTER 5 | さらに質を上げるための分析・改善方法

04 SEO対策を見直そう

Webコンテンツにおけるリンクについて

　Webコンテンツでは、リンクをうまく使うことが重要です。検索エンジンの評価につながるだけでなく、ボリュームのある説明や商品情報を別ページにすることで、読みやすさの改善になります。

　また、リンクは「内部リンク」と「外部リンク」の2つに区分されます。内部リンクとは、自サイト内を行き交うリンクのことを指します。外部リンクは別のサイトのページに移動するものです。ほかにも、「**被リンク**[*4]」「**発リンク**[*5]」という区分もあります。

[*4] **被リンク**：インバウンドリンク（inbound link）やバックリンク（backlink）とも呼ばれる。内外問わず自サイトへ向けられたリンクのことをいうが、一般的には外部からのリンクのことを指す。

[*5] **発リンク**：アウトバウンドリンク（outbound link）とも呼ばれる。内外問わず自サイトから向けたリンクのことをいうが、一般的には外部へのリンクのことを指す。

内部リンク

☐ 内部リンクとは

　前述のとおり、文章内の用語や事柄についての詳しい説明を行いたいときは、積極的に内部リンクを使いましょう。**情報を伝えるページと説明のページを分けるのは、情報の交通整理の一環**です。一緒に書いてしまうと、文章が冗長になってしまううえに、コンテンツのゴールがぼやけてしまいます（商品の売り込みが目的なのに、途中にある専門用語や部品について詳細に

解説してしまうなど)。ほかにも、読者にとって価値のある関連ページへのリンクも積極的に張りましょう。

　また、内部リンクは便利な方法ではあるのですが、過剰に使いすぎると逆に読みにくい文章になってしまいますので注意してください。これは情報を細かく整理しているというより、うまくまとめられていないライティングです。さらに、リンク部分は色をつけたり、下線をつけたりするものであり、あまり多いと、単純に読むときに気が散るのでよくありません。

☐ 内部リンクのSEO効果

　内部リンクはSEOでいう「内部対策」にもなり、適切な内部リンクは検索順位アップにもつながります。内部リンクを張ったページ同士の関連性が高ければ、検索エンジンにおけるお互いのページの評価が向上します。

　また、内部リンクは自サイトのPVを増やすきっかけにもなります。主題となるトピック、用語や事柄の説明、関連情報などのページをリンクでつなげ、ユーザーがサイト内を回遊すれば、PVは積み上がります。一方で、PVを増やす目的で関連性が低いページに内部リンクを張ってしまうと、検索評価が下落します。ユーザーに不便を強いることにもなります。

外部リンク

　外部リンクも、内部リンクと近い効果を得られます。外部サイトのコンテンツでも、有益かつ自分のコンテンツと関係が深いものであれば、遠慮せずにリンクを張りましょう(リンク不可でないかは要確認)。

　しかし、内部リンク同様、過剰に使いすぎてはいけません。無関係なページへのリンクや、大量の外部リンクはGoogleにスパムだと判定される恐れがあります。被リンクページだけでなく、発リンクページもペナルティの対象となっています。

　内部リンク、外部リンクともコンテンツの充実を図る一つの手段です。自然に使えるようなライティングを心掛けましょう。

WebライティングにおけるSEOの役割

　検索エンジンにて自然（オーガニック）検索結果の上位に表示されるようにするには、やはりコンテンツの中身を充実させるのが一番です。中身がなければ、いくらSEO対策をしても効果を発揮できません。

　SEO対策は検索上位に表示させるための方法ですが、本当に目指すべき目的は「検索流入を増やすこと」です。当たり前のことですが、そのためにはちゃんと検索されるキーワードを選ばなければいけません。さらにもう一歩踏み込んで考えるなら、自サイトに流入したユーザーにアクション（購入や申し込みなど）を起こさせることが最終目的です。

　つまりここで言いたいのは、SEO対策をするなら、ライティングの時点でそれを十分意識しておくべきだということです。

SEO対策の要は検索キーワードの選定

☐ 専門性が信頼を生む

　現在のSEO対策の要は、検索キーワードの選定です。検索流入を増やすためには検索数が多いキーワードを使ったコンテンツを作ればよいと考えてしまいがちですが、これも手段が目的に変わっている典型だといえます。アフィリエイターやブロガーは別ですが、ある分野に特化した企業が無理にビッグキーワードや流行ばかりに合わせてコンテンツを作ってもいいことはあまりありません。ユーザーとのミスマッチが生まれ、いつまでたってもコンバージョン（成約）率の低いサイトになってしまいます。

　メインテーマに対していろいろな視点から書かれた記事や、それに関係する話題が書かれた記事が多く掲載されているサイトを、検索エンジンも人も「専門性があり、信頼できるサイト」だと評価します。さらに、**専門性が高いサイトは参照されやすく、関連する外部リンク（被リンク）が集まりやすくなるので、さらに検索評価が高まるという好循環になります**。

◻ 検索キーワードの選定

　以上をふまえて、自分のサイトに合った検索キーワードを選定しましょう。選定するにあたり、キーワードプランナー（図5-5）やGoogleトレンド（図5-6）というツールを利用します。この2つを利用すれば、検索ボリュームが多いキーワードや、流行のキーワードなどを調べることができます。た

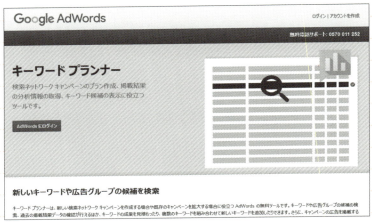

図5-5：キーワードプランナー（GoogleAdWordsのアカウントが必要です）
URL https://adwords.google.co.jp/keywordplanner

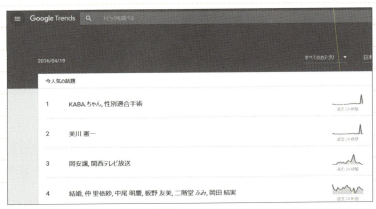

図5-6：Googleトレンド　URL https://www.google.co.jp/trends/

だし、ここで得たデータをそのまま使うことは避け、あくまで自サイトと関連性が高くて検索されやすいキーワードを選定するためのツールとして使うよう心掛けてください。

更新頻度は検索順位に影響しない

SEO対策でよくいわれることに、「更新頻度が高いと検索順位が上がりやすい」というものがあります。更新頻度が高ければそれだけクローラ（検索エンジンが情報を収集するために走らせているbot）が頻繁にサイトに訪れます。また、定期的に情報を発信することでリピーターがつきやすく、それによって訪問数が増えます。

しかし、「更新頻度が低いと検索順位が落ちる」かというと、そうではありません（リピーターが来なければPVは減りますが、相関関係と因果関係を一緒にしてはいけません）。更新頻度が検索評価に直結するとすれば、常に最新の情報が求められるテーマでしょう。自サイトのテーマが即時性を求められるものなのかを見極め、更新頻度を決めてください。

リライトによるSEO対策

SEO対策においてはコンテンツの修正や追記、いわゆるリライトが検索流入を増やすポイントになります。新規でコンテンツを作ってアップするよりも、既存のコンテンツをリライトするほうが労力も時間もかからず、手軽に質を高めることができます。イントロダクションで述べましたが、検索エンジンはコンテンツの質を重視するようになってきています。

サイト運営を続けていると、**検索ボリュームが少ないキーワードでも定期的に閲覧されるページ**が出てきます。もしそのようなページがあるなら、必ずリライトしてください。そのページは確実かつ永続的にニーズがある情報を提供しているページなので、サイトの強みになります。

リライトを行う際は、必ず「そのページの何が検索ユーザーのニーズと合

致しているのか」を分析し、同じような情報を提供しているサイトと比べて足りない情報や、新しい情報を追記してください。

タイトルとディスクリプション

　GoogleやYahoo!で検索すると、検索結果にはタイトルとディスクリプション（概要文）が表示されます。特にSEO対策ではタイトルが重要です。タイトルには狙っているキーワードを必ず入れるようにしましょう。また、**タイトルは32文字以内**に納めることが望ましいです。なぜなら、検索結果に表示される文字数がそのくらいだからです。キーワードや文字数を意識しながら、コンテンツの内容が伝わりやすいタイトルにしてください。

　ディスクリプションは検索評価には含まれませんが、検索ユーザーがページを開く判断をするための指標になるのは、タイトルとディスクリプションしかありません。タイトルと同様に内容が伝わりやすい文を書きましょう。**ディスクリプションは120文字以内**に納めることが望ましいです。ディスクリプションを設定しなくても、検索エンジンがコンテンツの一部を自動的に抜粋して表示してくれますが、それが常に適切とは限りません。極力自分で書くようにしましょう。

見出し

　コンテンツの中でSEOのために工夫できるのは「見出し」（hタグを使うもの）です。Webコンテンツにおいて、見出しはユーザーの読みやすさを向上させるだけのものではありません。検索エンジンは見出しも内容の判断に利用しています。

　見出しにも、検索キーワードや関連する言葉を含めるようにします。この場合も、キーワードを並べただけの妙な日本語にならないように気をつけてください。

CASE STUDY ❹

PDCAを回そう

PDCAとは、Plan（計画）、Do（実行）、Check（評価）、Act（改善）の4つを繰り返して行うことによって、業務を継続的に改善することです（図5-7）。

この流れに沿って、実際にSEO対策をからめたWebライティングを行ってみましょう。

図5-7：PDCAサイクル

Plan（計画）

流入を増やすための検索キーワードを5つ考えてください。内訳はメインキーワードを1つ、サブキーワードを4つです。もちろんサイトのテーマに沿ったものを選んでください。

メインキーワード

例）生命保険

サブキーワード

例）定期保険、養老保険、終身保険、特約

Do（実行）

Planで決めたキーワードを使ってライティングを行ってください。メインキーワードはタイトルに、サブキーワードは見出しやコンテンツ内で使ってライティングしてみてください。

タイトルの例）：**生命保険の３つの基本形とは？**

本文の例）：

定期保険、養老保険、終身保険の組み合わせでできている

　保険のしくみは難しいといわれますが、３つの基本形が組み合わされているものだと考えれば簡単です。その３つとは「定期保険」「養老保険」「終身保険」です。この３つについて、保障はどうなるのか、支払ったお金はどれくらい貯まるのか、しっかりと押さえることが大切です。

特約とは？

　基本となる上記の３つを主契約とし、それに付加されるオプション契約のことを特約といいます。特約だけを単独で契約することはできません。

```
タイトル：
本文：
```

Check（評価）

　Doで作成したコンテンツがメインキーワード、サブキーワードで検索流入が記録されているかをチェックしてみてください。アップしてすぐに検索流入が記録されることはまれなので、期限を決めましょう（最低でも一週間、長くて一カ月）。

①検索流入が記録されている場合
　実際に検索してみて、検索順位を記録してください。

　メインキーワード
　　　　　　　　位

サブキーワード
　　　　　　　　位
　　　　　　　　位
　　　　　　　　位
　　　　　　　　位

②検索流入が記録されていない場合

メインキーワード、サブキーワードに似たキーワードで検索流入がありますか？ あるならそのキーワードをメモしてください。

Act（改善）

◆Checkで①だった場合

各キーワードでの検索順位をさらに上げるべく、リライトを行ってみてください。 ➡ Doへ戻る

◆Checkで②だった場合

似たキーワードで検索流入があれば、今度はそれをメインキーワード、サブキーワードにしてライティングを行ってください。 ➡ Doに戻る

似たキーワードもなかった場合は、もう一度メインキーワード、サブキーワードを考えてみてください。 ➡ Planへ戻る

以上を繰り返して、Webコンテンツの質を高めていきましょう。

CASE STUDY ❺

Chapter5の
ネタ出しクエスチョン

本章の内容から、以下の質問に答えてみましょう。
　期間を空けて考え直して、ライティングの幅を広げるきっかけにしてください。

Q1. 会社名や商品名以外で、自分のサイトを見つけるための検索キーワードを、思いつく限り挙げてください。

Q2. あなたがPCでよく見るサイトと、スマートフォンでよく見るサイトを挙げて、なぜ端末を使い分けているか理由を分析してください。

Q3. 自分のコンテンツページのタイトルを1つ取り上げて、もう1段階大きなキーワードにできないか考えてください。

Q4. あなたが困ったときに頼るサイトはどこですか？ 理由とあわせて記入してください。

COLUMN

失敗を恐れず公開しよう

ライティングとはサービス業である

筆者は「ライティングとはサービス業である」と常に思っています。その理由はコンテンツを読んでもらうことによって、読者に「何らかの価値を与える」ことが大前提であると考えているからです。

その価値もいろいろな種類があります。有益な情報はもちろん、読者が気づかなかった視点や新しい提案を公開すること、難解なものをわかりやすく伝えることも価値を与えることになるでしょう。個人の日記や趣味で好きなことをライティングするのであれば、このようなことは考えなくてもよいです。しかし仕事として書く（ライティングに対して報酬がある）のであれば、価値があり、一定の質が担保された文章を読者も期待していることでしょう。

読者に価値を提供すればPVも伴う

SEO対策のところでも説明しましたが、読者に価値を与えることができればPVも増加します。Googleは検索エンジンのアルゴリズムに人工知能による学習機能を持たせることに力を入れていて、以前よりもコンテンツの質を重視した検索評価を行うようになっています。よって、いまはコンテンツの質が高いほど検索順位も上昇する傾向が強くなっています。

読者に価値を与えるコンテンツを着実に増やしていけば、簡単には揺るがない「資産」となるオウンドメディアやブログにすることができるでしょう。

公開してこそのメディア

ネタがないというよりは自信がなくて公開しない、成果が思うように出ないという失敗を恐れて公開を控えるという人を見かけますが、私から言わせれば「何もしない」というのは最悪の選択です。幸いなことにWebコンテンツは紙媒体と違って、追記や修正がすぐに行えるメディアです。しかも、リライトはSEOにも効果があります。失敗したとしても、原因を分析することで次につなげれば、それは成功のための必要なステップだったといえます。

失敗を恐れずに、あなたのWebライティングを世に出していきましょう！

INDEX | 索引

【英字】

ASP ... 170
CMS ... 175
direct / none ... 183
Facebook ... 146
Googleアナリティクス ... 175, 179
Googleトレンド ... 196
Instagram ... 146
not provided ... 181
not set ... 181
PDCA ... 199
PPC ... 177
Q&Aサイト ... 044, 095
SEO ... 014, 032, 193
SNS ... 140, 146
SWOT分析 ... 068
Twitter ... 146
Web広告 ... 169
Webコンテンツ ... 010, 028

【あ】

アーカイブ ... 029
アクセス解析ツール ... 175
アフィリエイト ... 178
あるあるネタ ... 094
アンケート ... 165
一次情報 ... 060
エゴサーチ ... 164
炎上 ... 029, 143
オウンドメディア ... 010, 063
オーガニック ... 013
お問い合わせページ ... 184
お得な情報 ... 039
お悩み解決 ... 042
オノマトペ ... 073
音読 ... 104

【か】

ガイドライン ... 140
外部リンク ... 193
概要文 ... 014, 198
拡散 ... 151
可読性 ... 188
紙媒体 ... 028
キーワード ... 079, 090
キーワードプランナー ... 196
記事広告 ... 170, 178
起承転結 ... 087
疑問形 ... 103
キャッチコピー ... 129
キャラクター ... 142
共感型 ... 094
クチコミ ... 040
句読点 ... 103
グルメサイト ... 040
クローラ ... 197

205

検索アルゴリズム	032
検索エンジン	013
検索キーワード	174, 179
検索順位	197
検索スキル	185
広告	031
更新頻度	197
告知文	128
ゴシック体	115
コピーコンテンツ	060
コンテンツマーケティング	012

【さ】

シェア	151
自然検索結果	013
視認性	188
守破離	048
上位表示	014
紹介文	120
商品レビュー	062
ステルス・マーケティング	171
ストーリー	108
スパム	060, 194
スマートフォン	188
スモールキーワード	031
セグメント	030
設計図	087
宣伝文	128
専門情報	063
即時性	028

【た】

体験談	043, 062
体言止め	103
タイトル	014, 198
著作権	060, 143
釣り	154
ディスクリプション	198
デバイスの違い	188
伝播の早さ	028
投稿頻度	149
同字異音	074
当事者意識	108
読後感	073

【な】

内部リンク	193
中の人	140
二次情報	060
日記	094
ネイティブアド	178
ネタカルテ	069
ネタ出しクエスチョン	027, 066, 113, 139, 168, 203

【は】

バズ ·· 064, 158
ハッシュタグ ······························· 147
発リンク ··· 193
バナー広告 ··································· 170
話し言葉 ··· 103
比較サイト ······························ 040, 121
ビッグキーワード ··························· 030
比喩 ·· 072
被リンク ··· 193
フォント ··· 115
ブランディング ······························· 130
フレームワーク ······························· 067
文章構成 ··· 087
文章の型 ··· 094
ペナルティ ····································· 194
ペルソナ ··· 022
ペルソナ診断クエスチョン ············· 026
ポータルサイト ······························· 047
ポジショニングマップ ········ 019, 118, 186

【ま】

まとめサイト ·································· 060
見出し ·· 198
明朝体 ·· 115
メルマガ ··· 169
文字の色 ··· 115
モバイルフレンドリー ····················· 188

問題解決型 ······································ 094

【や】

やってみた ····································· 061
ユーザー目線 ·································· 017
有料検索結果 ·································· 013
ユニークユーザー ··························· 017
四字熟語 ··· 072

【ら】

ランディングページ ························ 150
リアリティ ····································· 108
リスティング ·································· 177
リズム ·· 102
流入元 ·· 174
リライト ··· 197
リンク ·· 193
レイアウト ····································· 116
レスポンシブデザイン ····················· 189
恋愛ネタ ··· 098
ロジックツリー ······························· 067

著者プロフィール

敷田 憲司（しきだ・けんじ）

1975年生まれ。福岡県北九州市出身。大学卒業後にシステム開発／運用会社に就職し、メガバンクのシステム部に9年以上にわたり常駐。Webサイト運営に興味を持ち、当時最大手のSEO会社に転職。後にWebサイト制作会社に転職し、2014年5月よりSEOを中心にWeb全般のコンサルティングを行う「サーチサポーター」代表として独立。外部Webメディアへの寄稿も多数、ライター業もこなす。最近は事業のスタートアップにも参画。趣味はフットサル。時間を見つけてはすぐにボールを蹴りに出かけてしまう。地元のプロサッカークラブの熱狂的サポーターでもある。

サーチサポーター	: http://s-supporter.jp/
ブログ「検索サポーター」	: http://s-supporter.hatenablog.jp/
Twitter	: https://twitter.com/kshikida
Facebook	: https://www.facebook.com/kshikida

装丁・デザイン	植竹 裕（UeDESIGN）
DTP	株式会社 シンクス

文章力を鍛えるWeb（ウェブ）ライティングのネタ出しノート
日々の更新に使えるネタの考え方と書き方

2016年6月6日　初版第1刷発行

著者	敷田 憲司
発行人	佐々木 幹夫
発行所	株式会社 翔泳社（http://www.shoeisha.co.jp）
印刷・製本	株式会社 シナノ

©2016 Kenji Shikida

本書は著作権法上の保護を受けています。本書の一部または全部について（ソフトウェアおよびプログラムを含む）、株式会社 翔泳社から文書による許諾を得ずに、いかなる方法においても無断で複写、複製することは禁じられています。
本書へのお問い合わせについては、2ページに記載の内容をお読みください。
落丁・乱丁はお取り替えいたします。03-5362-3705までご連絡ください。

ISBN978-4-7981-4590-7　　　　　　　　　　Printed in Japan